はじめに

　近年の建設業における労働災害による死亡者数の減少傾向を受け、それに伴い、現場で働く作業者や職長、元請、事業者に「災害を知らない」、「経験したことがない」といった人達が増えています。労働災害の減少は喜ばしいことですが、一方で、危険に対する感受性が鈍ってきているとの指摘もあります。

　本書は、建設現場で実際に発生してきた災害事例をイラスト入りで紹介するとともに、その原因や対策を解説しています。誌面に紹介する災害事例はほんの一部ですが、みなさんの現場においても、いつ発生しても不思議ではないものです。建設業の労働災害は、類似災害の繰り返し型が多くあります。災害事例は、未経験の知識のすき間を埋めることに大きな役割を持ち、同じ災害の再発を防止するために役立てなければなりません。

　本書を安全教育のテキストとして活用いただき、現場のみなさんの危険に対する感受性を高めていただければ幸いです。

編集部

JN121572

目　次

●足場からの墜落等

床付き布わくのつかみ金物の不具合で、布わくから墜落 ………………………… 5

メッシュシートを足場上で引上げ中、交さ筋かいが折れて墜落 ………………… 6

足場上でメッシュシート張り中、布わく未施工部から墜落 ……………………… 7

電線管への入線作業中、足場上でバランスを崩して墜落 ………………………… 8

本設床端部から足場に移動中、交さ筋かい下から墜落 …………………………… 9

わく組足場の解体作業中、交さ筋かい下から墜落 ………………………………… 10

外壁塗装の準備作業中、足場と躯体の間から墜落 ………………………………… 11

足場最上部の手すりに乗って作業、手すりがズレて墜落 ………………………… 12

地上に仮置きした足場が転倒、近くの作業者が挟まれる ………………………… 13

大組足場ユニットを接続中、足場開口部から墜落 ………………………………… 14

●開口部からの墜落

養生柵を外して墨出し準備中、エレベーター開口部から墜落 …………………… 15

未養生のエレベーター開口部から、資材運搬中の作業者が墜落 ………………… 16

シャフト内に身を乗り出した作業者が、柵が外れて墜落 ………………………… 17

シャフト内で作業中、作動したウェイトに押し下げられて墜落 ………………… 18

歩行中の作業者が墨出し用スリーブ管に落下、足首を捻挫 ……………………… 19

壁型わく解体作業中、吹き抜け開口部から墜落 …………………………………… 20

屋上開口部の断熱材に乗った作業者が、踏み抜いて墜落 ………………………… 21

屋根の除雪を行っていた作業者が、トップライトから墜落 ……………………… 22

●脚立・可搬式作業台（立ちうま）・移動式室内足場（セーフティベース） ・はしごからの墜落・転落

脚立からの墜落・転落

３尺脚立の天板上で作業中、あお向けに転落 ……………………………………… 23

脚立と資材に足を掛け作業、足を踏み外して転落 ………………………………… 24

脚立上でせん孔作業中、バランスを崩して転落 …………………………………… 25

脚立で看板の撤去作業中、墜落して頭部を強打 …………………………………… 26

可搬式作業台（立ちうま）からの墜落・転落

可搬式作業台上を横移動、足を踏み外して転落 ………………………………… 27

ストッパーが外れて脚部が縮み、台上の作業者が転落 ……………………… 28

バランスを崩して台上から飛び降り、足を骨折 ……………………………… 29

移動式室内足場（セーフティベース）からの墜落・転落等

セーフティベース間を移動中、すき間から転落 ……………………………… 30

折り畳んだセーフティベースを広げる際、指を挟んで骨折 ………………… 31

セーフティベース上を移動中、すき間に片足が落下 ………………………… 32

はしごからの墜落・転落

はしごを昇降中に脚部が滑動、墜落して骨折 ………………………………… 33

スライド式はしごが突然収縮し、墜落 ………………………………………… 34

仮設電柱にはしごを掛けて作業中、電柱ごと倒れて墜落 …………………… 35

はしごで梁のPコン取り作業中、身を乗り出し過ぎ墜落 …………………… 36

●鉄骨からの墜落

鉄骨柱の玉掛けワイヤーを外した直後、柱が倒れて墜落 …………………… 37

親綱に足を掛けて移動中、バランスを崩して墜落 …………………………… 38

鉄骨建方中に下階が崩壊、上部の作業者が墜落 ……………………………… 39

鉄骨柱を建方中、柱が倒れて作業者が墜落 …………………………………… 40

●トラック荷台からの転落

荷台のデッキプレート上から飛び降り、手首を骨折 ………………………… 41

荷台上で荷の移動作業中、荷台から転落し死亡 ……………………………… 42

●つり荷の落下等による災害

H鋼3本が玉掛け用ワイヤーから抜け落ち、作業者を直撃 ………………… 43

玉掛け用ワイヤロープが切断、つり荷が作業者に激突 ……………………… 44

クレーンのつり金具を自由降下、フックから外れて落下 …………………… 45

荷振れを止めようとしたが、フックが外れて荷の下敷きに …………………… 46

玉掛けに使用したチェーンが切断、荷の下敷きに …………………………… 47

　　小型バックホウで鉄板移動中、旋回時に車体が横転 ……………………………… 48

●くい打ち機等による災害

　　オーガーのつり込み用キャップが落下、作業者を直撃 …………………………… 49
　　杭孔に手元が転落、気づかずにアースドリルで掘削 ……………………………… 50
　　機体の組立て中、起立したリーダー上の作業者が墜落 …………………………… 51

●コンクリートポンプ車による災害

　　ホッパーを洗浄中、服がかくはん羽根に巻き込まれる …………………………… 52
　　輸送管を空気洗浄中、管が振れて作業者に激突 …………………………………… 53

●荷等の倒壊

　　パイプサポートに立てかけた合板が倒壊、下敷きに ……………………………… 54
　　立てかけた板ガラスを取り出す際、ガラスが倒れて転倒 ………………………… 55
　　石材をハンドパレットで移動中、倒れた石材に挟まれる ………………………… 56
　　建具枠の取付け作業中、番線が外れて枠が作業者に激突 ………………………… 57
　　不要の山留め親杭を切断中、切断部材が倒れて下敷きに ………………………… 58
　　解体中のビルの外壁が道路側に崩落、第三者が被災 ……………………………… 59

●地山の崩壊

　　掘削底で横矢板を取付け中、地山が崩壊して生き埋めに ………………………… 61
　　矢板の未施工部の地山が崩壊、作業者が生き埋めに ……………………………… 62
　　掘削作業完了後、側面の敷き鉄板下の土砂が崩壊 ………………………………… 63

●カッターによる切創

　　断熱材を切断中、定規を押さえていた指を切創 …………………………………… 64
　　ガラスのシーリングを撤去中、ナイフの刃が折れて切創 ………………………… 65
　　ケーブルの被覆を切断中、左手親指を切創 ………………………………………… 66

床付き布わくのつかみ金物の不具合で、布わくから墜落

被災者（鳶工）は同僚2人と建物の解体工事のための外部足場架け作業を行っていた。5層目の床付き布わくのつかみ金物の一方が、建て枠（幅90cm）の横架材へかかりが悪かったため、被災者は掛かっていない側に乗って体重をかけたところ、布わくが外側に回転し布わくと共に8.5m墜落した。

枠組足場
▽5段目

8.5m墜落

原因と対策

　事例では、つかみ金物がどのような状態だったか分かりませんが、掛かっていない側のつかみ金物の外れ止めが変形して動かなかったものと思われます。

　被災者は、半掛かりの状態の布わく外側のつかみ金物を無理矢理開かせようとして、ドスンと乗っかったところ、その拍子で布わくが外側にひっくり返り墜落しました。

　枠組み足場材はレンタルが多いですが、まずは機材管理に信用ある会社を選びます。倉庫出荷時の検査はOKでも、運搬途中や荷降ろし時などに変形することが考えられます。

　安衛則第566条では、足場の組立て等作業主任者の職務として、材料の欠点の有無を点検し、不良品を取り除くことと規定しています。通常、作業主任者が行う部材の点検は、①部材のへこみ・曲がり・変形・サビなどの有無の状況、②足場部材として決められたものかの確認——などです。しかし、忙しい現場ですべての部材の点検を作業主任者1人ではできません。

　そこで、作業者全員で不良品を発見するシステムにします。現場では、不良品で無理して作業をせず、不良品を見つけたら使わずに返品することを元請会社のルールとします。不良品はその場で赤いテープやリボンなどの目印を付けて降ろすなどのルールを決めておきます。作業手順書にもルールを明記し作業者全員に周知します。また、レンタル会社との契約書に不良品は返却し、速やかに交換することを明記します。

メッシュシートを足場上で引上げ中、交さ筋かいが折れて墜落

被災者（鳶工）は同僚4人と、わく組足場のメッシュシート張り作業を行っていた。被災者は足場の19層目の交さ筋かいに安全帯フックをかけ、身を乗り出して、ロープを使ってメッシュシートを引き上げていた。被災者が下から12mほど引き上げたとき、突然交さ筋かいが折れて25m墜落した。

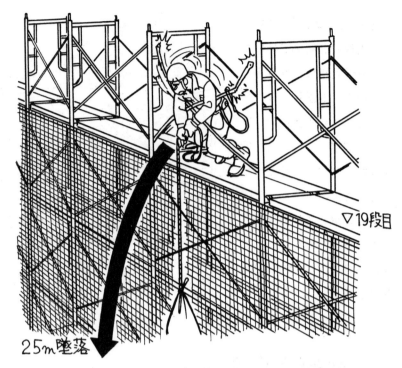

▽19段目

25m墜落

原因と対策

　この事例もわく組足場の部材の不良によるものです。なぜ、交さ筋かいが折れたのかは不明ですが、端部の孔やヒンジピンなどから内部に水が入り、部材鋼管内部の腐食によることが考えられます。

　交さ筋かいの使用期間が5年を経過したものは、変形、損傷、サビ等の程度により修理、整備、廃棄処分の選別をします。

　「鋼管足場用の部材及び附属金具の規格」（平成12・12・25　労働省告示第120号）第10条〜14条の〈交さ筋かい〉の基準では、材料のJIS規格品の指定と交さ筋かいとしての圧縮強度試験方法が示されています。第13条では、「交さ筋かいは、製造者名、製造年と上・下期の別、枠組み足場用のものである旨、認定合格マークが見やすい場所に表示されているものでなければならない」と規定しています。これらを参考に、部材の入荷時に抜き取り検査をすることができます。

　また、災害の直接原因ではありませんが、10階建て建物の足場組立て作業においてメッシュシートを人力で引き上げる作業計画も疑問です。わく組足場の組立て時にクレーンを使って部材を揚重する時、同時にメッシュシートも計画的に荷揚げしておくべきでしょう。

足場上でメッシュシート張り中、布わく未施工部から墜落

改修工事で外部足場19層目（最上段）で、被災者（鳶工）は同僚A、Bとメッシュシート張り作業を行っていた。足場上の同僚Aは、建物の屋上にいた同僚Bからメッシュシートを受け取ろうと待機中、被災者が床付き布わく（幅25cm）のない部分から約33m転落した。

原因と対策

　被災者は、墜落個所の布わく補助部材（幅25cm）が1枚足りなかったため、取り合い部を先に施工しました。イラストでは、足場が鈍角に交差した部分で三角形の交差部には、きちんとチェッカープレートのような床材が設置してあります。

　一般的にはこの三角形部分は、規格の床付き布わくが入る部分を先に組んだ後に、施工する個所です。被災者は先に三角形部分の作業を行ったため、次のメッシュシート張り作業に気を取られ、床付き布わくの不足部分も施工したものと勘違い（ヒューマンエラー）したのでしょう。また、この事例でも高所作業での基本ルールである墜落制止用器具が未使用でした。

　作業指示には三角形の交差部の措置は記されていましたが、部材不足への対応はありませんでした。こういう時、安衛法で義務づけられた作業主任者の適切な指示（例えば、部材不足部分に足場板を敷いて番線で固定するなど）が急場を救います。

電線管への入線作業中、足場上でバランスを崩して墜落

　ポンプ機械室内のわく組足場上で電線管への入線作業中、6層目（最上段）でバランスを崩し、反動で足下の床付き布わくがズレて動き、足場のすき間から床に10.5m墜落した。

10.5m墜落

原因と対策

　電線の入線はガイドワイヤーを力一杯全身で引く作業ですから、急に力が抜けた時に体のバランスを崩すことがあります。イラストの状況では、高さが10.5mある作業床としては多くの問題があります（安衛則第519条、653条）。
①作業床の端部に囲い等（囲い、手すり、覆い）がない、②墜落制止用器具等を取り付ける設備がない、③昇降設備がない、④隣りの足場との間隔が50cmもある、⑤床付き布わくが一列だけで固定していない（ズレて動いた！）、⑥足場板を結束していない、⑦足場計画が不備——などが挙げられます。
　わく組足場を複数列組んで最上部を作業床とする場合、足場板を敷き詰めればベストですが、どうしても困難な小さなすき間は安全ネットを敷きます（安衛法第519条）。周囲には手すりを設置します。

本設床端部から足場に移動中、交さ筋かい下から墜落

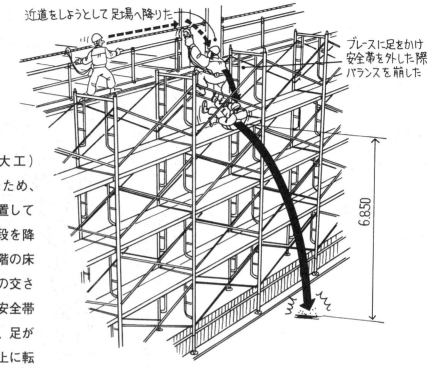

近道をしようとして足場へ降りた

ブレースに足をかけ
安全帯を外した際
バランスを崩した

6.850

被災者（型わく大工）は休憩時間になったため、近道をして外周に設置してあるわく組足場の階段を降りようとした。作業階の床端部からわく組足場の交さ筋かいに足を掛けて安全帯フックを外したとき、足が滑り後ろ向きで足場上に転落、はずみで交さ筋かい下部から6.8m墜落した。

原因と対策

　被災者は昇降設備が遠かったため、近道をしようとしたのでしょう（ヒューマンエラーとしての近道行為）。わく組足場の1層下まで階段がありますが、この部分だけでも、もう1層分のわく組足場を組んで階段を設けていたならと思いました。また、被災者が足場上に落ちたとき、わく組足場の外周に安全ネットが張ってあれば、下までの墜落は免れたでしょう。

　わく組足場全面にネットを張ることは、"魔の三角形"からの墜落防止とともに、外面からの足場昇降を阻止することにも効果があります。魔の三角形とは、わく組足場の交さ筋かいと足下の板付き布わくとの間にできる三角形のことです。

　足場には昇降設備（安衛則第526、552条）を必ず設け、新規入場時にはその場所を周知し、墜落制止用器具の使い方やわく組足場の外面を決して昇降してはならないことを、繰り返し教育することが大切です。

わく組足場の解体作業中、交さ筋かい下から墜落

被災者（クリーニング工）は、鳶工、土工、タイル工と外部足場の解体相番作業を行っていた。被災者は足場の解体に先行して外壁サッシとタイルのクリーニングを行っていたが、休憩時間に3層目交さ筋かい下部から5.2m墜落した。

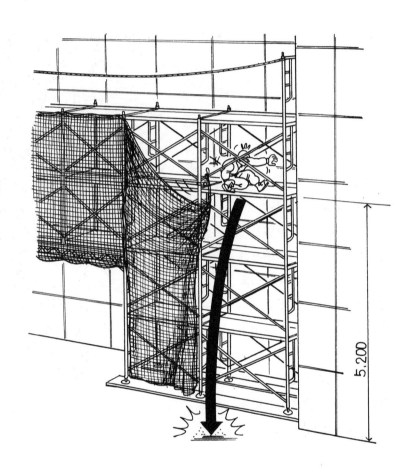

5,200

原因と対策

　この現場では、交さ筋かい下部のすき間からの墜落災害を防止するため、交さ筋かいに下さん（高さ15〜40cmの位置）を取り付けていました。しかし、足場の解体工事のため、被災者の作業していた部分はこの下さんと共に、メッシュシートも外されていました。

　せっかくの安全作業に対する現場の細かな配慮が、最終段階で水泡に帰してしまいました。被災者は経験20年のベテランですが年齢は60歳に近く、足場解体の鳶工との相番作業は8月という時季から厳しい仕事だったかもしれません。休憩時間になり、そのまま足場上で休息しようとフッと腰を下ろしたとき、体調不良か、頭がふらついたかで倒れ込み墜落したのでしょう。

　作業計画で足場の解体に先立ち、サッシやタイルのクリーニング作業を前作業で終え、布板上を清掃しておくなど、工程上のゆとりが安全作業をもたらします。

外壁塗装の準備作業中、足場と躯体の間から墜落

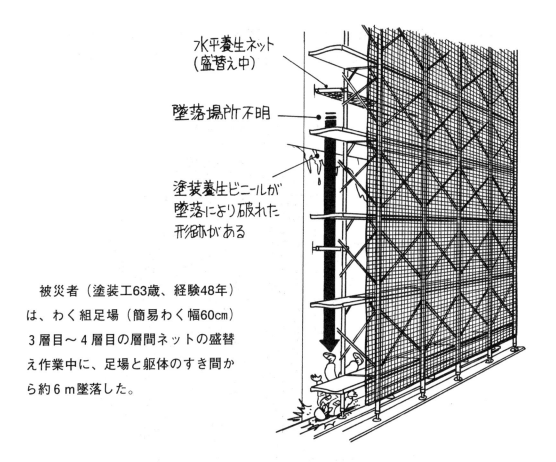

水平養生ネット
（盛替え中）

墜落場所不明

塗装養生ビニールが
墜落により破れた
形跡がある

被災者（塗装工63歳、経験48年）は、わく組足場（簡易わく幅60cm）3層目〜4層目の層間ネットの盛替え作業中に、足場と躯体のすき間から約6ｍ墜落した。

原因と対策

　被災者（職長）は作業者3人と外壁塗装の作業を行っていました。

　このような墜落災害を防ぐため、足場と躯体間の層間養生を行いますが、この現場では最下段の層間養生が3〜4層間にあり、被災者は安全確保のため層間養生を下部に盛り替える作業中に被災したようです。

　前日の打合せ等で、元請に盛替え作業を依頼することができなかったのでしょうか。元方事業者が施工した足場でも、事業者（下請負業者・協力会社）は労働者の安全確保の措置義務を負っていますから、元請に改善を要請する義務があり、元請は速やかに対応措置を行う必要があります。本事例の場合、被災者は職長ですから事業者の代理という立場で元請に強く要請すべきでした。

　また、高さ6ｍからの墜落は墜落制止用器具が十分に機能しますから、被災者の墜落制止用器具未使用は悔やまれます。

足場最上部の手すりに乗って作業、手すりがズレて墜落

　被災者（鉄筋工42歳、経験2カ月）は、足場最上部の手すりパイプに乗って作業中に、手すりの番線結束が体重で切れ、被災者は躯体と足場の間にずり落ちて背部を打撲した。

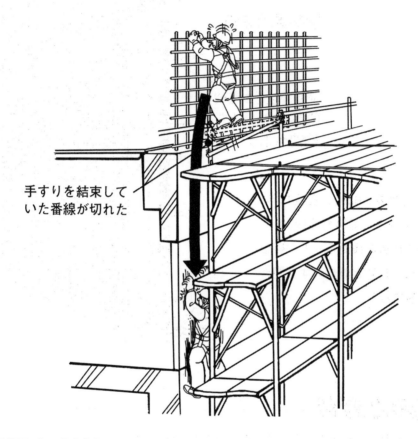

手すりを結束して
いた番線が切れた

原因と対策

　被災者は壁配筋にスペーサーを取り付けていました。事例シートの原因に、手すりに上って作業を行った、最上段の足場の設置が遅れた、層間養生を先行して設置していなかった——ことを挙げています。手すりに上って作業を行ったことは間違いですが、被災者がスペーサーを取り付ける前作業の壁配筋はどのような足場を使ったのか疑問が残ります。また、層間養生があれば、墜落は免れたと思われます（最上階の外部足場の設置が遅れていたため層間養生まで手が回らなかったという、仮設作業の遅れが安全に大きな影響を及ぼした）。

　また、墜落制止用器具は未使用でしたが、フックを取り付ける個所（墜落時に有効な腰より上の位置）もありません。

地上に仮置きした足場が転倒、近くの作業者が挟まれる

　外部足場で５層４スパン分をユニット解体し、移動式クレーンでつり上げ地上近くまで降ろし、クレーンでつったまま下の方から１～２層目を解体した後、３～５層目を解体するため地面に降ろした。地面に仮置きして玉掛けワイヤーを外した時、足場が傾き倒れて近くの被災者（鳶工）が地面に置いてあった仮枠材の間に頭を挟まれた。

原因と対策

　計画ではこのような大きなユニットではなく、時間短縮のため変更したようです。ユニット解体は、大きいほど能率が上がると考えがちですが、作業は難しく危険も大きくなります。

　一般的なユニット組立て・解体では、ユニットの大きさは２層４スパン程度とし、玉掛けワイヤーに当たる部位の布板を外して建て枠に番線などで緊結し、つり角度が原則として60度以内になるように玉掛けワイヤーの長さを調整します。ワイヤーロープは４本づりとし、建て枠への玉掛けワイヤーの取り付けは強力長シャックル（長シャコ）を使うと便利です。また、Ｈ型鋼などを利用した専用治具を使用する方法もあります。

　また、地上の作業部分は立入禁止措置を行います（安衛則第537条、564条）。

大組足場ユニットを接続中、足場開口部から墜落

　　足場の組立て作業中、大組足場ユニット（５層３スパン）をクレーンでつり上げ、被災者（鳶工）は既設足場に接続する作業を行っていた。作業を終え、足場の階段を降りる際にネット開口部から17.5m墜落した。

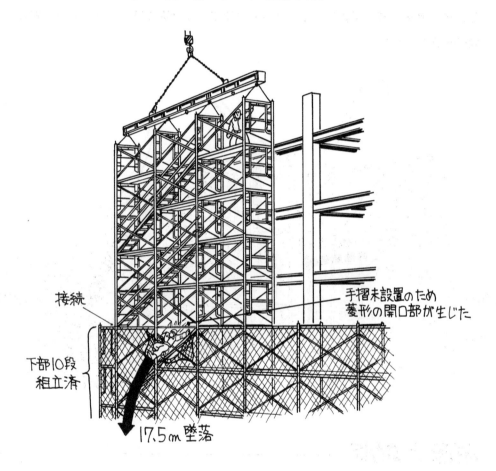

接続

下部10段
組立済

手摺未設置のため
菱形の開口部が生じた

17.5m墜落

原因と対策

　　わく組足場のユニット組立て・解体は、建てわくのジョイント部が合わなかったり、抜けにくかったりと意外に手間がかかることがあります（防錆浸透潤滑剤の使用）。また、５層３スパンのユニットは大き過ぎます。

　　災害事例シートの要因分析では、①被災者の仕事の分担は地上部の作業で、指示外の作業を行ったこと、②組立て中の足場の階段部分に手すりがなく、養生ネットに菱形の開口部が生じたこと、③ＫＹミーティングの不十分──を挙げ、手すり取付けの作業手順への組み込みと作業指示の徹底を掲げています。

養生柵を外して墨出し準備中、エレベーター開口部から墜落

　　　被災者（元請社員）は、5階本設エレベーター出入り口付近で、開口部養生柵
を外して墨出し作業準備中、地下1階ピット内に20m墜落した（現認者なし）。

▽5FL

EVシャフト内
20m墜落

原因と対策

　　現認者がなく、被災者1人での作業のため詳細は分かりません。しかし、安全施設の不
備な床開口端部で作業を1人で行ったことや、容易に取り外せるような開口部養生柵の設
置方法に問題があります。

　　床開口端部での墜落を防止するには、囲い、手すり、覆い等を設けなければなりませ
ん。これは事業者への規定である安衛則第519条（安衛法第21条）だけでなく、注文者に
も安衛則第653条（安衛法第31条）で同様の措置義務を課しています。

　　仮設、本設共にエレベーター昇降路は、一般に躯体作業中は床開口部を足場や仮床を全
面架設するなどの墜落防止措置を行いますが、エレベーター工事開始のためそれらを撤去
した直後は、各階に縦穴開口部が存在するという危険な個所になります。

　　養生を一時撤去しての作業では、立入禁止措置を行うとともに、作業中はセーフティー
ブロックに墜落制止用器具を取り付けるなど墜落防止措置を必ず行って下さい（安衛則第
519条第2項）。

未養生のエレベーター開口部から、資材運搬中の作業者が墜落

　　地上11階建てSRC造の集合住宅工事で、被災者は１階から各部屋へプラスター
ボードを運搬中、８階エレベーター開口部から22m墜落した。

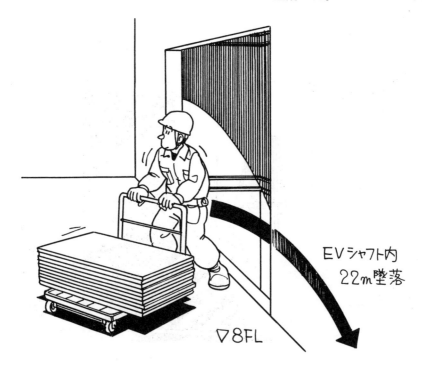

EVシャフト内
22m墜落

▽8FL

━ 原因と対策 ━

　本事例の要因分析を見ると、被災者は、23歳・経験年数ゼロ、就労日数は１日で、ぼん
やりしていたという不安全行動があり、管理面では開口部養生措置の不備及び開口部養生
計画の作成点検の未実施としています。事業者の被災者への雇入れ時の教育（安衛法第59
条、安衛則第35条）も疑われます。

　開口部の完全な養生は安衛法で規定されており、開口部養生が施されていればこの災害
は防げたはずです。作業者の不注意＝ヒューマンエラーというのは、元方事業者の言い訳
に過ぎません。

　エレベーター開口部を、長期に渡って養生なしに放置することは、普通では考えられな
いことです。エレベーター工事着手に先立ち、開口部養生を撤去した直後かもしれません
が、撤去時には立入禁止措置を行うなど、作業計画に問題がありました。

　このような墜落のおそれがある個所には、手すり等を設け、作業の必要上、臨時に取り
外す場合は防網を張り、墜落制止用器具を使用させるなどの措置が必要なのです（安衛法
第21条、安衛則第563条第１項第３号）。

シャフト内に身を乗り出した作業者が、柵が外れて墜落

　　被災者（ＥＶ機械工）は、搬送機取付けのため、最上階からつり下げられていたチェーンブロックをたぐり寄せようとして、墜落制止用器具を立入禁止柵に取り付けてエレベーターシャフト内に身を乗り出したところ、柵ごと外れて墜落した。

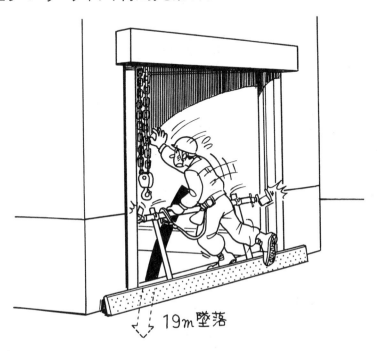

19m墜落

原因と対策

　　事例の立入禁止柵は、単管とジャッキベースを組み合わせて開口部の内側に突っ張って固定していたものです。このような使い方は、ジャッキベースの突っ張り力と摩擦だけで手すりを保持するもので、作業者の安全確保には信頼性に欠けます。手すりの単管を開口部より長くして、後打ちアンカーや躯体の丸セパ孔を使用し固定するなど、開口部の外から内側（縦穴部）への十分な耐力を得られる構造とすべきです。

　　また、開口部は全面メッシュシートなどで覆い、端部を固定することが必要です。安衛則第519条第1項（安衛則第653条第1項）では、「高さが2m以上の作業床の端、開口部等で墜落により労働者に危険を及ぼすおそれのある箇所には、囲い、手すり、覆い等を設けなければならない」と規定しています。本事例のエレベーター出入り口は、この規定に該当するものですが、設置された手すりは災害防止には役立たないものでした。

　　作業床の端、開口部からの墜落災害では、被災者と雇用している事業者（安衛法第21条第2項違反）だけでなく、両罰規定（安衛法第122条）でゼネコン担当者と会社（法人）と人（社長、支店長等）が共に送検されることがあります（安衛法第31条第1項違反）。

シャフト内で作業中、作動したウェイトに押し下げられて墜落

　工事用エレベーターのシャフト内で、手すりに安全帯フックを掛けて作業中の被災者（鳶工）が、カウンターウエイトに自身が触れて約5m押し下げられた後、墜落した。

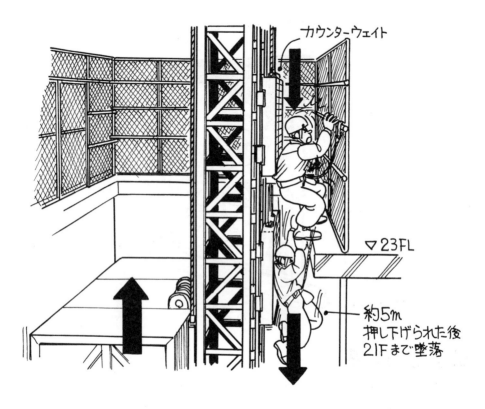

カウンターウェイト

▽23FL

約5m
押し下げられた後
21Fまで墜落

原因と対策

　原因は、①先に完了しておくべき床開口部の垂直養生がマストのクライミングより遅れた、②シャフト内作業中にエレベーターを停止させなかった——という基本的なルールを守らなかったことです（クレーン則第187条「立入禁止」）。

　被災者は、カウンターウエイトがマスト内部を昇降する形式と勘違いしていた可能性もあります。

　エレベーターや建設用リフトの組立て・解体作業を行うときは、作業指揮者を選任し、立入禁止措置を行うなどの規定があります（クレーン則第153条、191条）。

　クレーン則第153条第2項では、作業指揮者にも作業主任者と同じように、作業方法、労働者の配置、器具・工具の点検、作業中の保護具の使用状況などの職務規程を設けています。

歩行中の作業者が墨出し用スリーブ管に落下、足首を捻挫

コンクリート打設時に、基準墨出しのために取り付けたスリーブ管（300φ）の上に、被災者（墨出し測量工）は歩行中に右足が落ちて、足首を捻挫した。

原因と対策

　一般に、設備工事に使用する床スリーブ管には蓋付きのスリーブを設置し、文字や色分けなどで電気・衛生・空調等を区別し、責任の所在が分かるようにしています。意外に盲点なのがこの災害事例の墨出し用のスリーブ管です。設備用スリーブ管はコンクリート打設後、使用するまでの期間が長いため、蓋は金属製などで完全に養生しています。ところが、墨出し用スリーブ管は、早ければコンクリート打設の翌日には貫通させて使用するため、開口部養生はガムテープなどで済ませることが多いようです。

　スリーブ高さは、コンクリート打設や左官仕上げ時に飛び出ないようスラブ厚より低めに設定しますから、表面の蓋に薄くセメントノロがかかり、コンクリート硬化後は、一見して開口部とは分からない隠れ開口になります。被災者はこの状態で足を落としたのです。

　ボイド製スリーブ管ならば蓋の中に詰め物をして踏んでも抜けないようにしたり、従来の型枠端材で作った開口部ならば養生蓋も丈夫で解体も簡単です。

壁型わく解体作業中、吹き抜け開口部から墜落

被災者（型わく解体工）は10階建て共同住宅新築工事の8階でベランダの壁型わくを解体していた。ベランダ手すりの外部は三角形の吹き抜けで、吹き抜け部を覆っていた型わく合板（ベニヤ板）に乗ったところ踏み抜き、16.4m墜落した。当日は、7階と8階を同時に型わく解体中で、7階の解体工が8階の吹き抜け部の支保工を撤去したためと見られる。

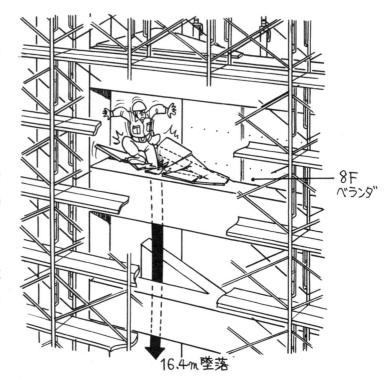

8F ベランダ

16.4m墜落

原因と対策

　事例シートでは、①養生部の支保工を撤去しないことの表示、②床開口端部の墜落・転落災害防止の措置の徹底管理、③開口部墜落防止計画書の作成、④作業間の連絡調整と作業手順の遵守、⑤立入禁止措置——などを挙げています。これらはすべて安衛法に規定された現場作業の基本事項ですが、現実には守られていないのでしょう（安衛法第21、31条、安衛則第519、653条／安衛法第88条／安衛法第245、246条）。現場の担当者が安衛法を理解していない（勉強していない）ことで災害を発生させることは、技術者として恥ずべきことです。

　対策としては、日頃から朝礼やKYKなどで、型わく合板を床開口部の養生に使ってはならないことを作業者に徹底します。また、このような形状は竣工後も危険が考えられますから、施主・設計者に改善を提案することも考えられます。

　吹き抜け部の水平養生ネットは4階部に設置していましたが、固定が不十分で災害発生後は結束が外れていました。安全管理は元請だけでなく、現場で働く者すべての協力が必要です。このような養生ネットの不備を発見した時は、元請に連絡し是正を求めることは下請事業者や作業者の義務です（安衛則第663条）。

　災害防止は、最悪の状態を想定し、その対策を実施することです。

屋上開口部の断熱材に乗った作業者が、踏み抜いて墜落

　被災者（型わく解体工）は、2階屋根の換気塔設置位置の床開口部上に仮置きした型枠材をクレーンで搬出作業中、開口部の打ち込み用発泡断熱材（スタイロフォーム）に足を乗せたところ断熱材が割れて4.3m墜落した。

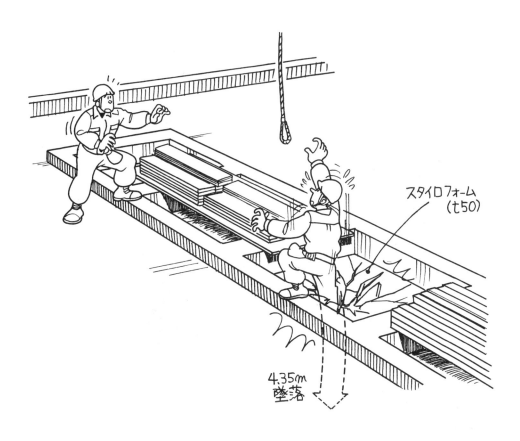

原因と対策

　被災者は断熱材の下には型わく材があると思い込んで足を乗せたのです。なぜ開口部に不要な断熱材があったのか、床型わく解体後に断熱材だけが残りました。開口部が急な設計変更なのか、設備工事者が独自に施工したか、災害原因はきちんと究明すべきです。

　対策としては、高さ2m以上の作業床端部での作業ですから、開口部回りには、囲い等の措置が必要です。手すりが間に合わなければ水平ネットを張るだけで墜落災害は防げます。ただし、ネットはすき間なく確実に取り付けて下さい（安衛則第519条〈安衛法第21条：事業者の責任〉、安衛則第653条〈安衛法第31条：元方事業者の責任〉）。

屋根の除雪を行っていた作業者が、トップライトから墜落

工場の建設工事で、被災者（板金工）は翌日の作業のため、一人で折板屋根の除雪作業を行っていた。前日からの積雪のため開口部（トップライト部）の確認ができず、足を滑らせ9.6m墜落した。

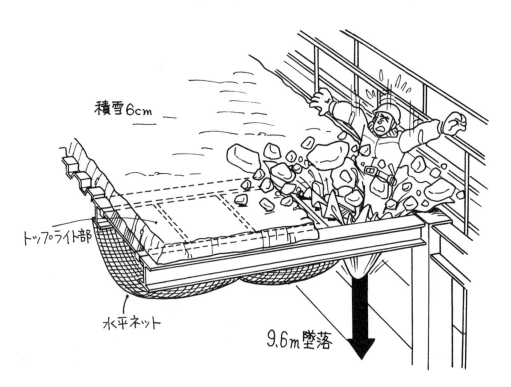

積雪6cm

トップライト部

水平ネット

9.6m墜落

原因と対策

被災者の仕事熱心な気持ちが、災害となった残念な事例です。

開口部には、積雪養生としてブルーシートが掛けてありましたが、イラストを見ると水平ネットがこの部分だけありません。災害はこんなわずかな隙を突いてくるのです。

被災者が自ら施工した折板屋根ですから、トップライト開口部の位置は分かっていたはずですが、積雪で状況が一変し、開口部を失念した"うっかりミス"によるヒューマンエラーです。墜落のおそれのある床開口部では、手すりの設置があれば雪があってもその位置が分かります。これは雪でなくても、夕方暗くなった時でも同じことです（安衛則第519、653条）。

類似災害で、開口部の両側に積んであったボルトを養生するためブルーシートを開口部（幅1.2m）ごと覆い、開口部の有無を知らない作業者が真ん中（開口部）を踏んで墜落した事例があります。

3尺脚立の天板上で作業中、あお向けに転落

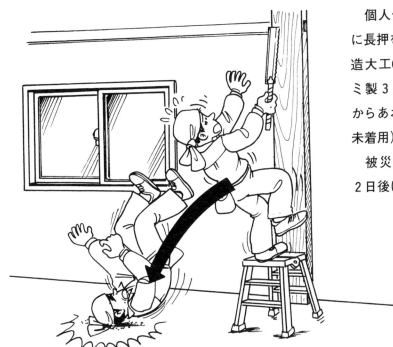

個人住宅新築工事で、和室の壁に長押を取り付けていた被災者（木造大工66歳、経験51年）は、アルミ製3尺脚立の天板（高さ59cm）からあお向けに転落した（保護帽は未着用）。

被災者は翌日夜に頭痛を訴え、2日後に死亡した。

原因と対策

アルミ製3尺脚立の天板は、幅12cm以上・長さ30cm以上（仮設工業会規定）ですから足を乗せるには不安定です。天板は作業床に該当しませんが、木造大工の被災者は小型で軽いアルミ製3尺脚立を愛用していたのでしょう。「墜落時保護用」の保護帽を正しく着用していれば…と思いました。

被災者の被災直後の様子は不明ですが、翌日も現場で仕事を行って帰宅し、夜遅く頭痛を訴え、朝方に死亡しているのを家族に発見されました。死因は頭部打撲による外傷性くも膜下出血でした。

頭部打撲の場合は、被災者をむやみに動かさず、直ちに119番に救護を要請します。また、出血や外傷など異常がなくても医師の診断を必ず受けることが必要です。通常、24時間以上は安静にして、重度の頭痛、錯乱、無気力、ひきつけ、言語不明瞭、視力障害、吐き気、意識喪失などの異常な症状を観察します。

脚立による災害防止のため、建設業界では法規定にない独自のルール（決まり）で「脚立の天板上で作業をしない」ことを長い間守ってきました。しかし、3尺・6尺脚立の高さは2m未満で、法規定の高所作業に該当しないことから、最近はこのルールが守られなくなりました。

脚立と資材に足を掛け作業、足を踏み外して転落

被災者（ボード工50歳、経験25年）は、仕上げ工事で天井点検口を取り付けるため、ディスクグラインダーで天井下地材を切断していた。その際、グラインダーのディスクが割れて顔面に当たり、足を踏み外して脚立の中段（高さ70cm）から転落、頭部を強打した（保護帽は未着用）。

原因と対策

　被災者は脚立の踏み板と資材に両足を掛けて作業を行い、足元が不安定だったため、ディスクが割れて飛散したときに驚いて脚立から足を踏み外したようです。移動式室内足場を使用するなど足元がしっかりしていれば転落しなかったと思われます。また、被災者は仕上げた天井ボードに傷がつかぬよう保護帽は未着用でした（布製帽子を着用）。
　ディスク片の飛散による被災は、保護眼鏡を着用していたため、避けられました。
　脚立の正しい使用法、ディスクグラインダーの事前点検、保護帽の着用（布製のヘルメットカバー付）などを危険予知訓練（KYT）などで指導します。

脚立上でせん孔作業中、バランスを崩して転落

被災者（配管工25歳、経験5年半）は6尺脚立の上で、電動ドリル（ホルソー取付）で間仕切り壁（石こうボード）に配管用のせん孔作業を行っていたとき、力を入れた反動で脚立が倒れて転落し骨盤を骨折した。

原因と対策

　被災者は上階の床版下で、鉄骨梁と間仕切り壁に挟まれた幅35cmという狭い空間で作業を行っていました。不安定な姿勢で脚立に乗って電動ドリルでせん孔作業を行ったため、ドリルに力を加えたとき反動で脚立を蹴る状態になり、バランスを崩し脚立が倒れて転落したのです。

　脚立ではなく、足元に力を入れても反動に耐えられる床面積の広い移動式室内足場等を使用していれば災害は避けられたかもしれません。

　最近では、脚立を避けて可搬式作業台を使用する傾向ですが、安易な使用は脚立と同様な結果になるため注意が必要です。

脚立で看板の撤去作業中、墜落して頭部を強打

被災者（板金工63歳、経験37年）は、事務所入口の看板を交換するため6尺脚立にまたがり撤去作業中、バランスを崩して墜落し頭部を強打した。

原因と対策

　被災者は「看板の撤去だからすぐに終わるだろう」と安易に考え、保護帽の未着用、単独作業など、場当たり的に作業を行ったと思われます。看板の重量や大きさは分かりませんが、足場を設置し複数で行うべき作業でした。

　事例対策シートには、「保護具の使用、脚立作業の禁止、枠組み足場の使用、安全指示の確認」などを挙げています。しかし、保護帽の着用は建設現場の最低限の約束事（ルール）ですが、墜落制止用器具はこの高さでは使用していたとしても、よほど高い位置にフックを掛けなければ、作業者の身体保護に有効に機能したかは疑問です（ランヤード長さの2倍以上の高さが必要）。また、事業者の作業指示にも問題がありました。

可搬式作業台上を横移動、足を踏み外して転落

被災者（塗装工50歳、経験34年）は、可搬式作業台（高さ72cm、長さ130cm、幅40cm）上で塗装作業中、横方向へ移動する際に足を踏み外して転落。左手首を骨折した。

原因と対策

　ベテラン塗装工の被災者は、作業の仕上がり具合に夢中になり、「足場があるもの」と錯覚して足を踏み外しました。類似事例では、天板上の横方向の移動だけではなく、縦方向でも発生し、塗装やタイル張りなど、後ろに下がって出来映えを見ることが多い仕上げ作業などで多く発生しています。作業性に合った足場の選択が望まれます。

　可動式作業台の天板幅はおよそ40cmから50cmですが、寸法はメーカーや機種によって違い、被災者が錯覚したかもしれません（10cmの差は大きい）。

　対策としては、手すりを付けるなどがありますが、煩雑になることや手すりに体を預けると支えきれないことがあります。

　ＴＢＭ等で災害事例を示して、天板上で移動時の足元の確認を注意喚起してください。

　可動式作業台は単独使用を原則としています。移動式室内足場のように２台並べて使うと、構造上で天板間にすき間が生じ、踏み外しの危険があるからです。

ストッパーが外れて脚部が縮み、台上の作業者が転落

　被災者（軽量下地工32歳、経験16年）は、高さ1.5mの可搬式作業台上で壁軽量下地の組立て作業中、横移動したときに支柱の1本のストッパーが外れて縮み、バランスを崩して転落、右手を負傷した。

1,500

ストッパーが
はずれた！

原因と対策

　原因は使用前点検を怠ったことです。仮設工業会の〈アルミニウム合金製可搬式作業台の使用基準〉に、「開脚固定状態、伸縮固定状態等が確実であるかを確認してから昇降する」とあります。対策としては、使用前に最下段の踏みさんに片足を乗せ、体重をかけて固定状態を確認後に昇降することです。

　伸縮型（2種）は階段や床の傾斜及び段差のある個所では、作業床が水平になるよう調節可能で作業性も良いのですが、安全よりも仕事を急ぎ、省略・能率本能が勝ると確認を怠りヒューマンエラーが発生します。この伸縮型のストッパーの取扱い方式はメーカーにより違いがありますが、支柱の重なり代は高さを最大にしたとき、外管外径（角管では長辺）の3倍以上で、固定機構部は容易に点検整備できる必要があります（仮設機材の認定基準）。

　現場では、朝礼やTBMで使用機種の点検デモンストレーションを行うことや、ゼネコン職員をはじめ作業主任者、職長などが巡回時等に目視チェックして、不良品は使用せず、すぐに返品（賃貸の場合）してください。

バランスを崩して台上から飛び降り、足を骨折

被災者（電工50歳、経験31年）は、高さ1.5mの可搬式作業台上でレースウェイ（天井面に照明器具等を取り付けるための角形化粧電線管）の墨出し作業中、無理な姿勢からバランスを崩し、飛び降りて足を骨折した。

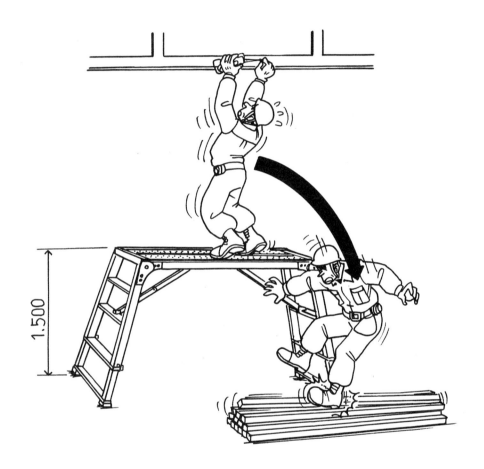

原因と対策

　可搬式作業台上で無理な姿勢で作業を行っていたこと、飛び降りた場所に資材が積んであったことが原因です。資材の集積場所は、あと作業の支障にならない計画的な配慮が大切です。また、被災者は自分の天板の位置関係を勘違いしていたことも考えられます。

　天井面などの広範囲な作業を行う場合は可搬式作業台ではなく、移動式室内足場のほうが作業床面が広く、必要により数台を連結して使うことができます。

　なお、移動式室内足場の使用時は脚輪にブレーキをかけ、人を乗せたまま移動しないなどの注意が必要です。

セーフティベース間を移動中、すき間から転落

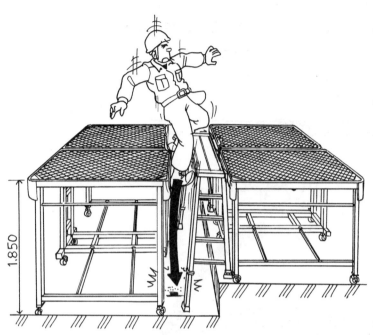

被災者（天井下地（LGS）工
43歳、経験10年）は、2台の
セーフティベースの間に設置し
てあった"立ちうま"を介して
他方のセーフティベースに移ろ
うとしたところ、すき間（70cm）
に足を踏み入れ転落した。

原因と対策

　段差（寸法不明）のある床に水平な足場を設けるという、現場ではよくある架設です。
セーフティベースは高さ調節が容易にできるため、事例ではセーフティベース2台を別々
の高さの床に設置しました。ところが、段差の中間位置が大きく開いてしまったため、2
台のセーフティベースの間に"立ちうま"を設置。立ちうまの支柱は、床の段差に合わせ
て両脚の高さを調整し、すき間は約70cmありました。

　被災者は、セーフティベースから立ちうまに渡りかけたとき、仮設電灯が消え一瞬暗く
なったため足を踏み外しました。

　事例シートの対策では、「セーフティベースのすき間を空けない、寸法調整には足場板を
敷き結束する、端部と30cm以上の壁すき間には手すりを設ける」ことなどを挙げています
が、セーフティベースを2台以上使用して棚足場とする場合は、セーフティベースどうし
を金具で確実に連結し、足場板を掛け渡さないことが原則です。

　事例では、床に段差があるため直接2台の緊結はできませんが、足場板の滑動・脱落を
防ぐためゴムバンド等で緊結して敷き込むことは可能でした。手すりの設置については高
所作業ではないため安衛法上は必要ありませんが、事例シートのような指導は災害防止に
有効です。

折り畳んだセーフティベースを広げる際、指を挟んで骨折

被災者（とび工61歳、経験23年）は、作業のため折り畳んであったセーフティベースを1人で広げようとして手指を挟み骨折した。

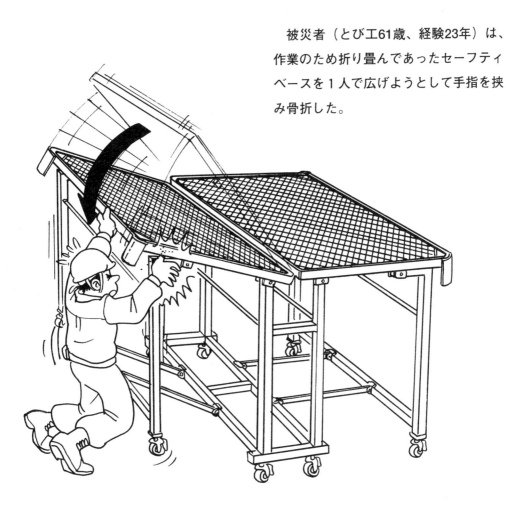

原因と対策

　同種の災害は多く発生しています。原因には、セーフティベースの設計に問題がある場合と取り扱い方法の間違いがあります。取扱方法は、メーカーによっては機体に組立手順を大きくイラストで表示してありますから、手順書に従うよう作業者を指導します。

　この種の災害が発生したときは、社内連絡時にメーカーと機種名を明記し、同一メーカー機種を使用している現場に注意を喚起してます。また、必要に応じてメーカーに連絡し、原因究明と改善を要求することが望まれます。

　再度発生したとき元方事業者は、特定メーカー機種の使用禁止などの措置を、現場に周知し再発を防止します。

セーフティベース上を移動中、すき間に片足が落下

被災者（内装工22歳、経験４年半）は、セーフティベース上（Ｈ＝1.14ｍ）で天井ボード張り作業中、昼食のため休憩室に戻ろうとしたとき、柱際のすき間（26cm）に右足が落ちて股間を打撲した。

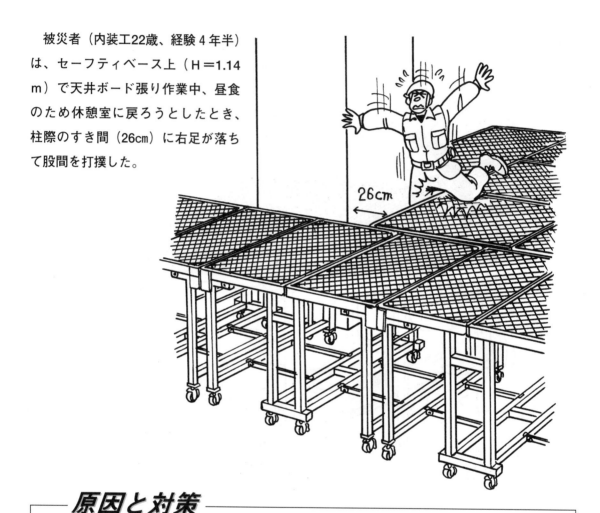

26cm

原因と対策

　仕上げ材を傷つけないためにも、壁や柱とのすき間はある程度必要です。手すりは端部のほうが必要性は高く、すき間表示は具体的な方法に難しさがあります。

　事例の場合、災害発生当日は日曜日、時刻は11時55分で、被災者は昼食のため休憩室に戻ろうとして被災しています。このような、昼食という行為への意識の変換時（集中力が途切れるとき）に災害は発生しやすく、また、労働災害の発生時刻が、10時・12時・午後３時・午後５時に多いことからも分かります。

　日曜日の災害発生は４％程度と少ないですが（実労働者数が少ないことも影響しています）、休日作業は、現場の雰囲気がいつもと違う何か締まらない感じが常にあり、巡回を普段より多めに行いましょう。

　気を張った作業から解放されたときの“スキ”を災害は狙っています。すき間は床だけではないのです。

はしごを昇降中に脚部が滑動、墜落して骨折

ピット内底盤の塗装作業を終えてはしごを上り始めたところ、はしごの脚部が滑り、はしごごと約2m墜落し骨折した。

ピット開口部

約2m

滑った

原因と対策

　被災者（塗装工56歳、経験2年）は、同僚と2人でピット内の塗装作業を行っていました。午後3時半ごろピット内から出ようと、はしごを上る途中で墜落しました。

　はしごの転位防止のため脚部を同僚が押さえているか、はしご上部を建築物に固定する必要がありました。はしごに対する安全知識がないことは、ヒューマンエラーの原因の1つになります。

◇安衛則第527条・「移動はしご」について

　移動はしごは、〈第9章　墜落、飛来崩壊等による危険の防止〉で規定されています。移動はしごとは、持ち運びができるはしごのことを言います。移動はしごの条件は、○長さは9m以下、○踏み桟は25cm以上35cm以下の等間隔、○幅が30cm以上で丈夫な構造、○継手が重ね合わせのときは接続部を1.5m以上重ね合わせ、2個所以上固定（突き合わせの場合は1.5m以上の添木を用いて4個所以上固定）、○損傷腐食のない材料、○滑り止め等の転位防止措置（人が押さえることも可）があることです（通達：昭43・6・14　安発第100号）。

スライド式はしごが突然収縮し、墜落

地下ピットのマンホールを更新するため既設マンホールを撤去し、調整のためはつり作業を行っていた。途中で出てきた電気配管（空）を除去するため、開口部の下側からはつろうと開口部に立て掛けてあったはしごに足を掛けたところ、はしごが縮み、はしごごとピット内に約３ｍ墜落し骨折した。

縮んだ

マンホール

汚水槽

２段スライド梯子

原因と対策

　被災者（はつり工36歳、経験不明）は、同僚とマンホールの更新作業を行っていました。開口部の内部からはつろうと被災者は、スライド式はしごを移動させ、左手にチッパーを持ち、右手をはしごに掛けて足を踏み込んだ瞬間に墜落しました。はしごを移動させた時に、はしごの伸縮ロックが外れたようです。ピット内は暗くてロックの確認が難しく、乗った時にはしごが縮んだものと思われます。

　はしごを降ろす前にロック部分を番線等で固定し、容易に外れない措置がベストです。

　また、マンホールを撤去した状態は、高さ２ｍ以上の個所で墜落の恐れがある"床開口部"に該当しますから、囲い、手すり、覆い等の措置が必要です。囲い等の措置が困難な場合は、作業者は安全ブロックを使用します（安衛則第519条、653条）。他の作業者の墜落防止措置として、黄色と黒色模様などのマンホール屏風やバリケードなどを設置します。

仮設電柱にはしごを掛けて作業中、電柱ごと倒れて墜落

被災者（電工59歳、経験32年）は、ドラム缶（高さ80cm、径60cm、重さ500kg）に立てた仮設電柱（高さ6.3m、径90mm）にはしごを立てかけて架設電線の撤去作業中、バランスを崩して仮設電柱ごと倒れて墜落し骨折した。

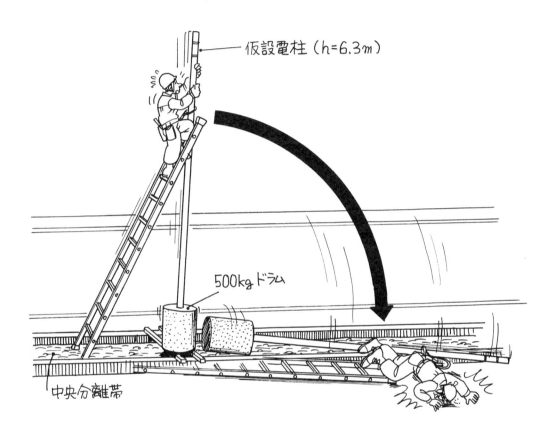

仮設電柱（h=6.3m）

500kgドラム

中央分離帯

原因と対策

　道路工事等で短期間に仮設電柱を設置する場合、事例のような方法を講じることがあります。事例では、ドラム缶の転倒防止モーメントとポールのはしご位置での横力による転倒モーメントの差がわずかしかなかったため、被災者がバランスを崩したはずみで支柱が転倒したものと思われます。おそらくこの仮設電柱はほかの現場でも使用し、設置時にも同様な状態で作業を行い、今までは上手くいったのでしょう。

　事例シートには、対策として「転倒防止措置を講ずる」とありますが、仮設電柱の設計をより安定した仕様に変えるか、足場を組む、高所作業車を使用するなどの作業方法が望まれます。安衛則第527条の移動はしごの規定は、このような作業は想定外です。

はしごで梁のＰコン取り作業中、身を乗り出し過ぎ墜落

　　　被災者（型わく大工41歳、経験8年）は、はしごに乗り梁のＰコンを撤去中、
　　バランスを崩して墜落し、左手を骨折した。

原因と対策

　被災者は1人で埋戻土に「アルミ製はしご」（長さ4ｍ）を立て、高さ約3ｍの梁型枠
のＰコンを外していました。はしごから少し離れた個所のＰコンを外そうと身を乗り出し
たところ、バランスを崩して、1.8ｍの個所から墜落しました。

　事例シートでは作業指示外の仕事で、対策として、「墜落制止用器具の使用できる設備
の使用」、「適切な作業足場の検討」を挙げています。しかし、このような低い位置での作
業では、墜落制止用器具を使用しても有効に働きません。被災者は、なぜ指示以外の仕事
をしてまでＰコンが必要だったのか、仕事でＰコンが不足し、どうしても必要だったかも
しれません。原因究明に"なぜ"が欠落しています。

鉄骨柱の玉掛けワイヤーを外した直後、柱が倒れて墜落

被災者（鳶工、33歳、経験12年）は、1階床面で1節目の鉄骨柱（高さ15.5m）を建込み後、柱頭部へ登って玉掛けジグのシャックルをクレーンから外したところ、柱が倒れだして鉄骨と共に地上に墜落した。

原因と対策

事例の鉄骨柱の玉掛けは、無線操作方式による自動玉掛取外し装置（つり荷自動着脱吊具）によって行われていました。この装置は、鉄骨建方時の玉掛け外しの安全性を確保するために開発されたもので、無線操作でロックを解除するとピンが自動的に引き抜かれます。ロックの解除は内蔵されたバッテリー駆動の電動シリンダーによって行われますから、使用前後のバッテリーチェックは重要です。事例では、事前点検を怠り、バッテリーが切れてシリンダーが駆動せず、やむなく作業者が鉄骨に登り、手動でシリンダーを解除した直後に発生しました。

自動玉掛取外し装置

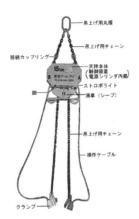

吊上げ用丸環
吊上げ用チェーン
接続カップリング
天秤本体（制御装置・電源シリンダ内蔵）
ストロボライト
滑車（シーブ）
吊上げ用チェーン
操作ケーブル
クランプ

柱の転倒の原因は自動玉掛取外し装置ではなく、柱を固定するアンカーボルトの締め付け不良（強度不足？）や、不適切な控えワイヤー（トラワイヤー）の設置にあります。

親綱に足を掛けて移動中、バランスを崩して墜落

　被災者（鳶工、24歳、経験5年）は、地下から組み上がった鉄骨の地上1階梁の仮ボルトを締めていた同僚を手伝うため、切梁上から水平親綱に足を掛けて鉄骨梁に登ろうとしたところ、バランスを崩して13m墜落した。

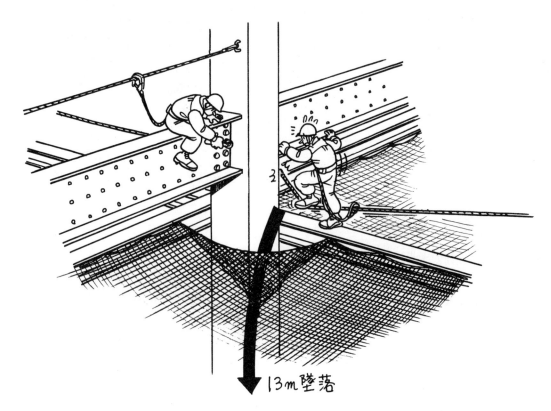

13m墜落

原因と対策

　イラストでは、被災者は墜落制止用器具を使用し、切梁上には水平養生ネットが張ってあります。災害事例シートからは明確には分かりませんが、梁に登るため水平親綱に足を掛けた時、親綱の樹脂被覆線を固定していたクリップが外れたようです。また、水平養生ネットが、残念ながら柱回りだけすき間があり、二重の安全対策は何の役にも立たなかったのです。樹脂被覆線のクリップ止めは注意して下さい。

　柱回りの水平ネットは昇降時の邪魔になることから、事例のように取り外しているケースを見受けます。しかし、そのわずかなすき間から思わぬ災害が発生する類似事例は多いのです。防止対策として、①柱の昇降を限定し、別に昇降路を設ける、②柱際ネットのすき間はカラビナなどで容易に開閉できるよう工夫する、③開口部は必ずふさぐ——などが挙げられますが、水平ネットのすき間が災害発生原因になることの周知が必要です。

鉄骨建方中に下階が崩壊、上部の作業者が墜落

10階建てSRC造集合住宅（高さ30m）の最上階鉄骨を建方中、10階柱の上部から梁間方向（柱の弱軸方向）に鉄骨が傾きはじめ、下階に向けて順次ゆっくりと弓なりに倒れ、全面道路に覆いかぶさる形で崩壊した。屋上で作業中の被災者（鳶工）が避難しようとしたが間に合わず、墜落した。

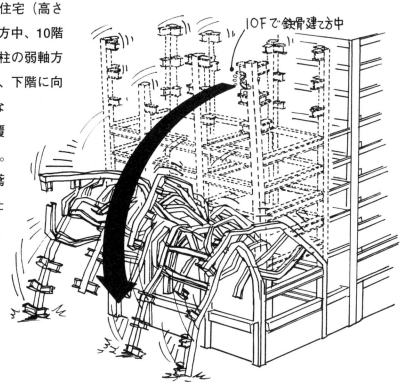

10Fで鉄骨建て方中

原因と対策

　倒壊の原因は、鉄骨を下層階から順に固めず、仮補強用ワイヤーロープも張らずに、一気に立ち上げたものと思われます。

　SRC造の鉄骨は、S造に比べて鉄骨部材も小さく、特に弱軸方向をRC壁で耐力を確保する設計では、建て方時の注意が必要です。事例のイラストでは、仮補強を兼ねた建て入れ修正用ワイヤーロープ（仮筋かい）がまったく見当たりません。これは類似災害事例に多く見られることです。

　仮補強用のワイヤーロープ（仮筋かい）は、鉄骨だけで自立性を欠く場合や、強風・地震などに対する補強としてとても有効です。建方段階では、歪み直しをするために仮締めボルトの数は少なく、また締め方も十分ではない状態を、仮筋かいは構造的に補うことができます。仮筋かいは片側だけでなく必ず返しを入れ、"たすき掛け"にします。

　仮締めのまま高層階まで立ち上げることは避けて（柱2節分以内）、歪み直しが終わった下層階から順次本締めを行い、仮筋かいは本締めが終わってから撤去します。また、スパン比が4：1以上の建物は、建方中の安全性を確かめる必要があります。

鉄骨柱を建方中、柱が倒れて作業者が墜落

被災者（鳶工24歳、経験2年）は、体育館の鉄骨柱の1節目（12.2m）を建てていた。柱をクレーンでつり上げ、柱上部の玉掛けワイヤーロープを外したところ、柱が傾き被災者は墜落した。

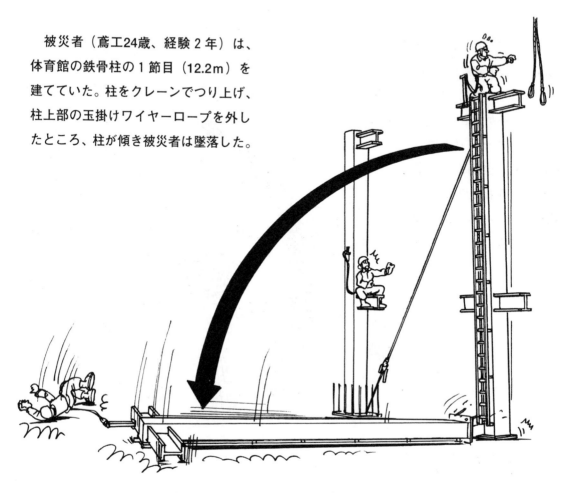

原因と対策

　体育館ですから、アンカーボルトは構造用アンカーボルトと思われます。

　一般にアンカーボルトに囲まれたベースモルタルは、レベルを正確に均し、鉄骨柱の建て入れ調整のため、受け面積を小さく作成します。そこで、モルタル強度が発現していないと鉄骨の重さでベースモルタルが崩れて傾き、アンカーボルトに引き抜き力が掛かります。事例は、アンカーボルトを埋めた躯体コンクリートやベースモルタルの強度の不足が原因と思われます。

　対策として、アンカーボルトを埋め込んだ躯体コンクリートとベースモルタルは十分な養生期間と、柱の四方に控えワイヤーロープを張ることなどが必要です（テストピースで強度確認）。控えワイヤーロープのとらじりのフックは、コンクリート打設時に埋め込むか、あと施工アンカーボルトなどで計画的に配備しておきます。隣りにビルが接近し十分な距離が取れない場合には、「弓どら」を設置します。

荷台のデッキプレート上から飛び降り、手首を骨折

被災者（運転手48歳、経験12年）は、4トン積トラック荷台のデッキプレートの上に乗り、荷降ろし作業を行っていた。玉掛けワイヤロープをデッキプレートの下に通していたところ、足を滑らせ落ちそうになったため、慌てて飛び降り、手を付いたとき手首を骨折した。

雨でデッキプレートが濡れていた

作業構台（鉄板）

原因と対策

当日の天候は雨で、積荷のデッキプレート上は濡れていたため、被災者は足が滑ったようです。4トントラックの荷台高さは1mほどで、事例では積荷のデッキプレートの上で高さは2m以下でした。

原因は、雨天に積荷にシートなどの覆いをせず運搬したこと、積荷が滑りやすい部材だったことなどがあります。デッキプレートのほかにも表面塗装した型枠合板や、荷台に張った床鉄板などが雨や雪で滑って転落するなど類似災害は多いのです。悪天候時の荷取りには注意を喚起して下さい。

余談ですが、積荷の契約条件が車上渡しか、荷降ろしまでか、によって労働災害の責任区分が変わります。事例では、被災者が運転手ですから荷降ろしまでが契約条件だったようです。その場合の災害責任は荷主側となることがあります。

荷台上で荷の移動作業中、荷台から転落し死亡

　　被災者（建具工62歳、経験21年）は、トラック荷台上で梱包した鋼製建具部材（650kg）を荷取り作業中、てこ代わりに角材を使って荷を移動させていたところ、角材が滑った反動で荷台から転落。頸椎損傷で死亡した。

原因と対策

　　イラストではトラック荷台と同じレベルにフォークリフトがあります。このフォークリフトで移動するため荷の位置を調整していたと思われます。1ｍ程度のトラック荷台では、高所での作業と感じず、トラックのあおりもあり被災者は危険を感じない状況でした。しかし、反動であおりに足をすくわれて頭から転落しました。荷台の鉄板で足元が滑った可能性もあります。

　　事例では保護帽を着用していましたが、頸部を曲げるように強打したため保護帽が有効に働きませんでした。

H鋼3本が玉掛け用ワイヤーから抜け落ち、作業者を直撃

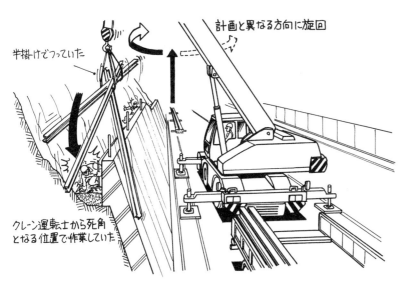

計画と異なる方向に旋回

半掛けでつっていた

クレーン運転士から死角
となる位置で作業していた

道路拡張工事現場で、道路脇斜面の崩壊防止のために設けられていた防護柵のH型鋼（長さ11m、重さ500kg／本）3本をまとめて玉掛け、移動式クレーンでつり上げ旋回したところ、玉掛け用ワイヤロープからH型鋼が3本とも抜け落ち、斜面擁壁裏側で作業中の被災者を直撃（死亡）、同僚一人が避けようとして身体をぶつけ負傷した。

原因と対策

　イラストを見ると、道路上には、移動式クレーンの両側にH型鋼の仮置き場と搬出用トレーラーがあります。作業手順は搬出用トレーラー前の道路斜面が作業中のため、つり荷の頭上旋回を避けて反対側の仮置き場に右旋回することになっていました。ところが、クレーンのオペレーターが途中で交代し、このことを知らない交代オペレーターは左旋回して、災害が発生しました。

　玉掛け者は、玉掛け用ワイヤロープでH型鋼を3本まとめて半掛けにし、地切りの合図を送りましたが、巻き上げ後の合図でオペレーターに荷下ろし地点と方向を指示しませんでした。

　原因は、玉掛け方法（掛け方、巻き方、玉掛け位置）の不適切、地切り未確認、オペレーターの旋回範囲の未確認運転、玉掛け者とオペレーターとの互いに"知っているだろう"と思った勘違いによるヒューマンエラーなどです。

　当初の作業手順は良かったのですが、オペレーターの交代時の連絡調整の不十分と玉掛け等の不備が重なって大きな災害となりました。「作業連絡」という当たり前のことを当たり前に行う大切さを感じます。

玉掛け用ワイヤロープが切断、つり荷が作業者に激突

つり上げ荷重35tクローラクレーンで、くい打機のステー（くい打機のリーダーを支える支柱、長さ14m、重量約1t）をトラックに積込み作業中、4本目のステーの上下の向きを直そうと玉掛け用ワイヤロープの重心位置を何度か変えてつり直していた時、突然、玉掛け用ワイヤロープが切断、下にいた被災者2人に激突（1人死亡）した。

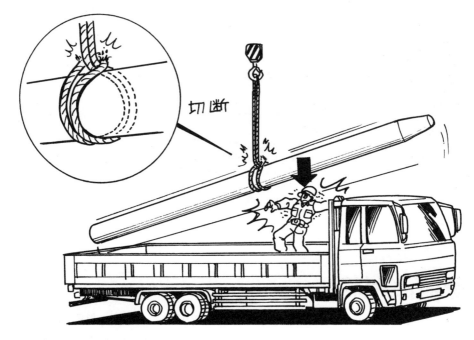

切断

原因と対策

　コンクリートパイルなど円筒状のものをつり上げる時、このような目通し1本づりの玉掛けをすることは多く見かけます。しかし、ワイヤロープは固い鋼線を細くして束ねたものですから引張力には強いのですが、鋭角の曲がりや繰り返し曲げ応力には弱いのです。

　事例の場合、古いワイヤロープを使用し、つり上げ作業を繰り返している間にワイヤーが何度も曲げ応力を受け、ワイヤロープの素線が疲労し断線したものと思われます。

　同様に、アイ圧縮止めのシンブルを使わないワイヤロープでクレーンの大きなフックに、蛇口いっぱい無理に掛けて何度も使用し、繰り返し曲げ応力が圧縮止め部分にかかり切断した事例があります。

　対策は1本づりではなく、玉掛け用ワイヤロープを一度巻き付ける「あだ巻きつり」2本づりで行って下さい。また、つり荷の下に入らないことの徹底（クレーン則第74条の2）と介錯ロープの使用がベストです。

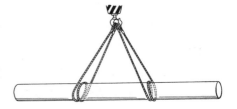

クレーンのつり金具を自由降下、フックから外れて落下

移動式クレーンを使ってシートパイルの打ち込み作業で、クレーンの主ブームのつり金具を自由降下（動力を使わない降下）したところ、補助ブームのオーガーつり金具に接触。主ブームのつり金具が浮き上がりフックから外れて落下し、真下で玉掛けの準備をしていた被災者（補助作業者）の頭部に当たり死亡した。

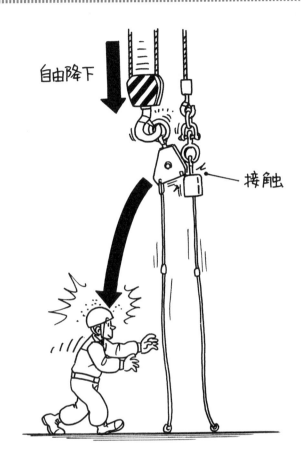

原因と対策

移動式クレーンのフックの自由降下は、自動車で坂道をエンジンブレーキなしにブレーキを踏みながら下るようなものです。

フックの自由降下を禁止しているクレーン会社や建設現場は多数あります。

クレーン則第74条の2（立入禁止）では、「次のいずれかに該当するときは、つり荷及びつり具の下には労働者を立ち入らせてはならない」と規定しています。

①ハッカーを用いて玉掛け、②つりクランプ1個で玉掛け、③ワイヤロープで一個所に玉掛け、④複数の荷を一度に吊り上げ結束していない、⑤磁力又は陰圧により吸着させるつり具の使用、⑥動力下降以外の方法で荷又はつり具を下降させるとき（＝自由降下禁止）。

主巻きフックには外れ止めが付いていますが、ねじれた形で上向きの力がかかると外れることがあります。

この事例では、フックを自由降下させていたうえに、つり荷の下に作業者を立ち入らせたということで、1次下請の杭施工会社とクレーンオペレーターが、労働安全衛生法第20条第1号、クレーン則第74条の2第6号違反で書類送検されました。

荷振れを止めようとしたが、フックが外れて荷の下敷きに

　工場のプラント解体作業で、被災者（土工）は、解体部材（重量約300kg）を
トラックに積み込むため、クローラクレーン（つり上げ荷重55ｔ）を使ってフッ
クに部材を掛けてつり上げたところ、地切りをする直前に荷が振れたため、止め
ようとつり荷の下に入った時、フックが外れて下敷きとなった。

原因と対策

　クローラクレーンには４本の外れ止めフック付き玉掛け用ワイヤロープが取り付てあ
り、当初、大型部材は４点づりで作業を行っていましたが、部材が小さくなるにつれて１
本づりで行っていました。

　イラストを見ると、解体部材がつりにくい形状で、被災者は部材のボルト孔にシャック
ルを使用せず、フックを引っかけています。

　災害発生後に玉掛け用ワイヤロープを確認したところ、フックの外れ止めの機能が正常
に作動しておらず、閉じた状態でもすき間が生じることが分かりました。

　正しい作業手順は、２本の玉掛け用ワイヤロープで角に当て物を施し、ワイヤロープと
荷を保護し水平につり、振れ止めに介錯ロープを使用します。介錯ロープ（控えロープ）
に法的な規定はありませんが、約５ｍ程度の長さは必要です。

玉掛けに使用したチェーンが切断、荷の下敷きに

　　被災者（運転者）は、リモコンを使って積載形トラッククレーン（つり上げ荷重2.9ｔ）を操作し型枠材を荷降ろし中、玉掛けに使ったチェーンが切断し下敷きになり被災した（現認者なし）。

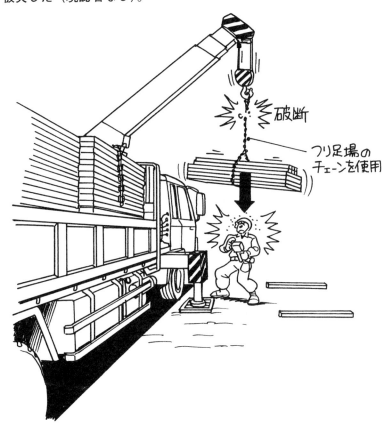

破断

つり足場の
チェーンを使用

原因と対策

　　この事例の災害原因は、①玉掛け用つりチェーンではなく、つり足場用つりチェーンを使用したこと、②１人でクレーン操作と玉掛けを行ったことです。人間は同時に２つのことを行うことは難しく、緊急時に慌ててヒューマンエラーが起こります。

　　クレーン則第213条の２で、玉掛け用つりチェーンの安全係数は４以上等の規定があり、引張強さは$400\,\mathrm{N/mm^2}$（≒$4000\,\mathrm{kg/cm^2}$）以上ですが、つり足場用つりチェーンは引張試験時の平均値が15.7ｋＮ（≒1600kg）以上で、安全係数の規定はありません（つり足場用のつりチェーン及びつりわくの規格第３条）。

　　つり足場用つりチェーンは、現場で容易に入手でき一見強度がありそうなため玉掛けに使用し、事例のような類似災害は多いのです。建設現場では、「玉掛けにはワイヤロープ又はベルトスリング以外は禁止」とすれば管理が容易です。

小型バックホウで鉄板移動中、旋回時に車体が横転

　敷鉄板（1.2m×2.4m、重量430kg）を、小型バックホウ（0.12m³）でつり上げ、旋回したところ横転し、オペレーターが車体の下敷きになった。

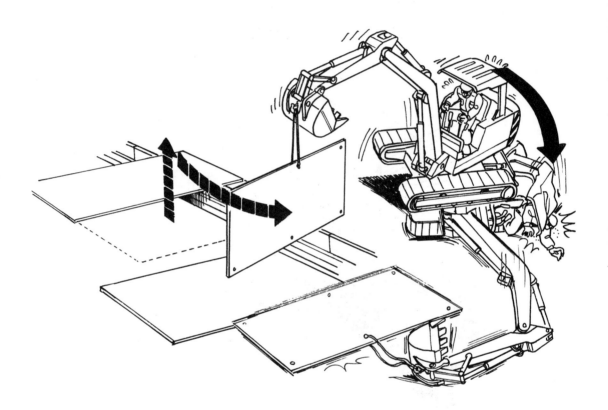

原因と対策

　敷鉄板はその形状から、軽そうに見えますが小形の四八サイズでも430kg（1.2m（四尺）×2.4m（八尺）×0.019m×7.87＝0.430 t ≒430kg）もあります。

　一方、バックホウは力がありそうですが、事例の機械は掘削容量の小さいもので、0.12m³のバックホウの最大の荷重（標準荷重）は（0.12×1.8≒0.22 t（220kg））です（平4・8・24　基発第480号参照）。

　事例では、バックホウの能力の2倍の荷重を吊っていたのです。

　大型のバックホウでも、用途外使用時の標準荷重は1 t未満です。敷鉄板の通常使用の1.5m×6 m×厚さ22mmのサイズでは約1.6 tありますから、バックホウでの用途外使用は無理です。

　敷鉄板での類似事例は多く、バックホウでの敷鉄板作業は厳禁して下さい。

オーガーのつり込み用キャップが落下、作業者を直撃

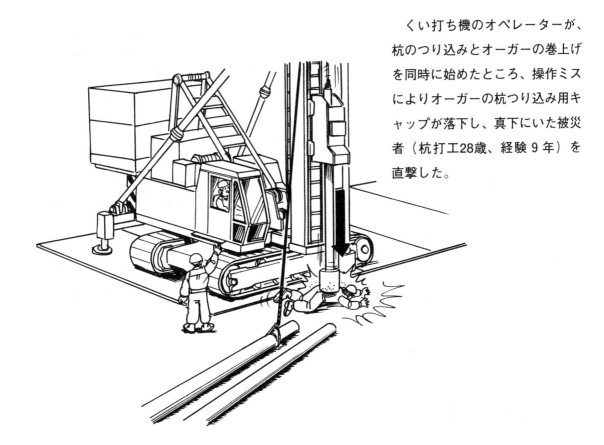

くい打ち機のオペレーターが、杭のつり込みとオーガーの巻上げを同時に始めたところ、操作ミスによりオーガーの杭つり込み用キャップが落下し、真下にいた被災者（杭打工28歳、経験9年）を直撃した。

原因と対策

　事例では、くい打ち機がオーガーせん孔を終え、ＰＨＣ杭打込みのため杭に玉掛けし機械を旋回したとき、巻上げが不十分なためオーガーの先端がキャタピラに当たりそうになりました。玉掛け合図者は急いでオーガーの巻上げ合図をオペレーターに送りました。

　オペレーターは慌てて杭つり込み操作を中断し、オーガーを巻上げましたが、ロックしていなかった杭つり込み用の操作レバーに誤って触れたため、クラッチが外れてハンマーが降下。ブレーキを踏んだが間に合わず、つり込み用キャップが落下し、真下にいた被災者に当たったものです。

　被災者は巻上げた杭をキャップに誘導し、合図するためにリーダーの真下で待機していました。

　最大の原因は、オペレーターが慌てて２つの操作を同時進行で行ったことで、ヒューマンエラーの典型事例です。また、掘削オーガー作業が終了したとき、オペレーターに巻上げ高さを合図者が指示確認しなかったことも原因にあります。

杭孔に手元が転落、気づかずにアースドリルで掘削

被災者（杭打工47歳、経験5年）はアースドリル杭工事で、杭先行掘作業の手元をしていて誤って杭孔に転落したが、オペレーターが気づかずに掘削してしまった。

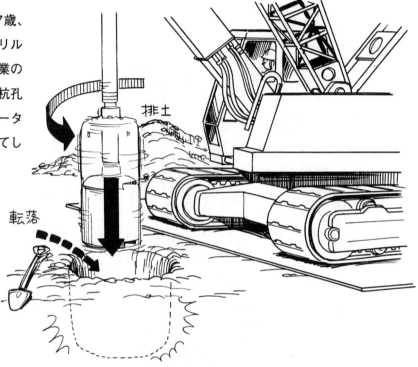

排土

転落

原因と対策

　安衛則第172条では、くい打ち機（自走しない）は「建設機械等」に分類されていますが、不特定の場所に自走できるものは車両系建設機械のうちの「基礎工事用機械」となります（安衛法施行令別表第7）。

　事例の場合のくい打ち機は車両系建設機械ですから、機械の運転による接触の危険が生じるおそれのある個所に労働者を立ち入らせてはなりません。ただし、誘導者を配置し、一定の合図を定めて機械を誘導させるときはこの限りではありません（安衛則第158、159条）。

　事例シートでは、原因は「立入禁止措置の不備と、慣れにより杭孔に人が転落しているとは思わなかった」とあり、対策として「杭周りに手すりの設置、オペレーターは同僚の存在を確認しながら作業を行う、作業指揮者の選任（安衛則第190条）」を挙げています。

　杭工事は高度な技術を要する作業であるため、気心の知れた仲間同士で行うことが多いですが、それが裏目に出ることがあります。元方事業者の安全管理への指導が求められます（安衛法第29条）。

　何とも痛ましい災害で、二度と繰り返してはなりません。

機体の組立て中、起立したリーダー上の作業者が墜落

被災者（作業指揮者59歳、経験20年）は同僚1人と、くい打ち機の組立て作業でリーダーを起こしてオーガー減速機2台を装着し、片方の減速機の上に乗り、巻上げシーブピンの固定作業を行っていた。同僚を手伝うためもう1台の減速機へ移ろうとしたとき、足を滑らせ墜落（6m）した。

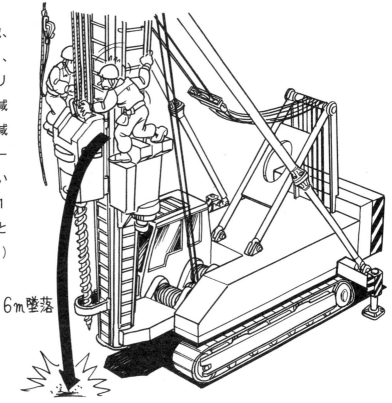

6m墜落

原因と対策

イラストでも分かるとおり、同僚は墜落制止用器具を安全ブロックのフックに付けていましたが、被災者は墜落制止用器具が未使用でした。事例シートでは、原因は「墜落制止用器具の未使用、安全ブロックが1台しかなかった、被災者の墜落制止用器具フックが小形だった」とあり、対策として「減速機を最低降下位置まで下げてシーブのピン止め作業を行い、減速機を巻上げてからオーガーを取り付ける」という作業手順の改善を挙げています。

同様の災害発生は多く、ある杭業者は高所作業車を活用して災害を減少させたという報告があります。

「被災者の墜落制止用器具フックが小形（旧型）だった」との事例シートの記載が気になります。墜落制止用器具の廃棄基準はロープに外部損傷がなくても1～2年を目安に交換して下さい。墜落制止用器具の購入費用は、一部負担を含めて作業者の6割弱が個人負担で購入しているという調査報告があります。古くなってそのまま使うと、万一墜落した場合、墜落制止用器具が切れて命が助からないことになります。墜落制止用器具は事業者が交換・支給してください。

ホッパーを洗浄中、服がかくはん羽根に巻き込まれる

コンクリート打設終了後、コンクリートポンプ車のホッパーを洗浄中、作業服の袖がホッパー内のかくはん羽根に絡まり巻き込まれた。

原因と対策

　危険防止と異物除去のためホッパー上部にはスクリーン（網）があり、作動中はホッパーを覆っています。清掃時の手順では、スクリーンを上げてホッパー内の清掃を行う時はかくはん羽根を停止することになっていました。

　イラストでは作業者が車体の上に乗って作業を行っています。袖が巻き込まれたとありますが、足を滑らせて上半身からホッパーに落ち、回転していたかくはん羽根に腕を巻き込まれたものと思われます。

　通常、ホッパー付近はコンクリートの付着を防ぐため、グリース等を塗布することがあり、滑ることからホッパー上での作業は禁止しています。

　受けホッパー周りの禁止個所には上がらない、かくはん羽根を止めて作業を行う——この基本ルールを守らなかった結果です（安衛則第107条）。

　なお、工事会社と社長が、安衛法第20条第1号、安衛則第107条第1項違反で書類送検されました。類似災害では、かくはん羽根にウエスが絡み、取り除こうとして滑って弁に挟まれた事例などがあります。

輸送管を空気洗浄中、管が振れて作業者に激突

　5階のコンクリート打設中にコンクリートポンプ車が故障した。修理に時間がかかり、輸送管内の残コンクリートの清掃が必要となったため空気洗浄を行ったところ、床型枠上の輸送管の固定チェーンが破断、水平端部が回転しスラブ上の被災者に激突した。

原因と対策

　閉塞配管の空気洗浄作業は手順通り行われたものと考えられます。管内圧力を下げてピンバルブの操作を行い、スポンジ等のクリーナーを詰めレデューサーをつなぎ圧縮空気を送り、被災者はスポンジの位置を配管を叩きながら確認していました。

　しかし、配管先端にボール受け管ではなく、90度曲り管を付けていたため、ロケットのように噴出した圧縮空気の横方向の反力で輸送管が大きく振れました。

　配管を固定した吊りチェーンは、引張試験の最大値が15.7kN（≒1600kg）以上（構造規格）です。圧縮空気の圧力は7kgf/cm²で、150φ輸送管の閉塞状態が一気に開放されると、衝撃で中古の吊りチェーンが切れるほどの力が加わることが予測されます。

　このような災害を防止するため、安衛則第171条の2では輸送管の固定や振れ防止措置、コンクリート等の吹出しによる危険個所への立入禁止、閉塞時の措置、洗浄ボール使用時における輸送管先端部の防止器具取付けなどを規定しています。

パイプサポートに立てかけた合板が倒壊、下敷きに

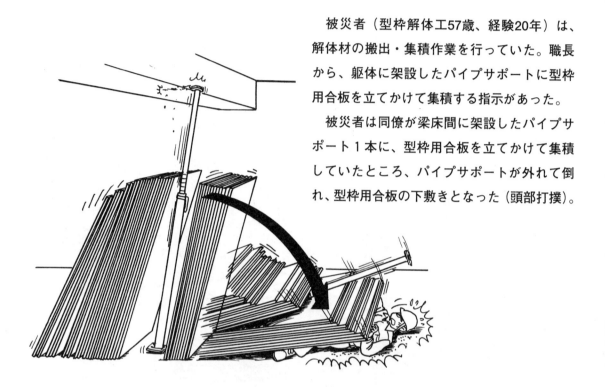

被災者（型枠解体工57歳、経験20年）は、解体材の搬出・集積作業を行っていた。職長から、躯体に架設したパイプサポートに型枠用合板を立てかけて集積する指示があった。

被災者は同僚が梁床間に架設したパイプサポート1本に、型枠用合板を立てかけて集積していたところ、パイプサポートが外れて倒れ、型枠用合板の下敷きとなった（頭部打撲）。

原因と対策

　被災者は解体した型枠用合板を、パイプサポートの片側だけに集中して立てかけていたため、作業途中で同僚から反対側からも立てかけるように注意を受けていました。イラストから推定すると、初めに集積した画面左側の型枠用合板の重量を支えきれず、荷重のバランスが崩れてパイプサポートが外れ、倒れたものと思われます。

　型枠用合板は軽いという認識ですが、多く使用されている3×6版（900mm×1800mm×12mm）1枚の重さは約10kgあります。垂直（90度）に立てれば重量はすべて床面に逃げますが、立てかける角度をおよそ60度傾けたとすると、最上部に重量の約3割の力がパイプサポートの上部に横力として作用します。30枚では総重量は約300kgになり、約90kgの横力が作用します。50枚なら横力はおよそ150kgとなり、意外に大きな力がかかります（立てかけ角度が45度では横力は重量のおよそ半分の力が掛かり、角度が小さくなるほど支える力は大きくなります）。

　解体した型枠用合板は、パレットや台車で運べるように、平らに積めば移動が容易です。立てかけるならば、コンクリート躯体などとして脚部にズレ止め、中間部に転倒防止措置をします。

立てかけてた板ガラスを取り出す際、ガラスが倒れて転倒

躯体壁に立てかけてあった板ガラス40枚（500mm×1900mm×6.8mm、重さ15.5kg／枚）のうち、奥のガラスを取り出すため、被災者（ガラス工34歳、経験2年）が支えて同僚が手前のガラスを起こしたとき、十数枚が手前に倒れ、被災者が支えきれずガラスと共に倒れ、ガラスで頸部を切った。

原因と対策

　おそらく奥のほうに必要な寸法のガラスがあって、取り出そうとしたものと思われます。

　原因として、ガラス置き場がエレベーター前の狭い廊下であったこと、サイズ別に仕分けがされていなかったこと——などが挙げられます。倒れてきたガラスの総重量は10枚として約155kgで、一度倒れかかると人の力ではとても支えきれません。

　ガラスは一般には専用台車ごと搬入して保管していますが、次に類似災害として紹介する事例は台車にガラスの転倒防止措置がなかったため転倒しました。

【類似災害】台車積載の板ガラスをリフトから降ろすとき倒れて下敷き

　現場の工事用リフトで外装用ガラス（18kg×7枚=126kg）を専用台車に乗せて揚重し、リフトから荷降ろし中に台車が引っ掛かり、はずみで台車が転倒し被災者（作業者43歳、経験3年）が下敷きとなり胸部骨折した。

石材をハンドパレットで移動中、倒れた石材に挟まれる

　スライスした石材を、専用の鋼製架台に乗せて2人でハンドパレットで現場内を移動中、障害物に当たってハンドパレットを手前に戻したときに石材が鋼製架台ごと倒れ、前にいた被災者（石工29歳、経験3カ月）が下半身を挟まれ骨折した。

原因と対策

　石材の重量寸法は不明です。イラストを見ると、石材の重心が高く一方に偏っていて、不安定です。石材工場出荷時は架台をフォークリフトで搬送するので問題なかったでしょうが、現場で使用したハンドパレットは支持幅、脚輪共にフォークリフトに比べ狭く、鋼製架台の移動時は不安定になりました。

　災害防止措置は現場だけでなく、石材の工場出荷時に現場でのハンドパレット使用を考慮し、両側から立てかける形式の鋼製架台など、バランスを取った荷姿への配慮が必要です。また、移動中の運搬路に障害物があり、現場の通路の確保と整理整頓が不十分だったことも、この事例には影響しました。

建具枠の取付け作業中、番線が外れて枠が作業者に激突

被災者（配管工21歳、経験1年）は、床面のボイドスリーブの撤去作業を行っていた。被災者から1.3m離れた出入口で、サッシ工が鋼製建具枠（W=800、H=2000、重さ15kg）の取付け作業を行っていた。鋼製枠を躯体コンクリートの埋込みアンカーと番線で結び、キャンバ材で高さを調整中に番線が外れて鋼製枠が倒れ、被災者に当たり受傷した（頸椎捻挫）。

原因と対策

重さ15kgは、3mのバタ角（10cm角）1本とおよそ同じ重さですから、倒れるときの衝撃力が加わると思わぬケガをすることがあります。

事例シートによれば、「鋼製枠の番線での仮止めを1個所しか行わなかった」とあります。一般にキャンバ材は縦横複数個所に設置し、クサビで固定しながら位置調整を行いますから、固定すれば容易に外れることはありません。事例の場合は番線の仮止めが一個所だけでキャンバ材を取付け中の段階だったと思われます。鋼製枠の仮止めの省略（2個所以上必要）が原因ですが、「被災者がそこにいなければ」、「わずかの時間差があれば」と思うかもしれません。しかし、災害の多くは「こうした偶然が重なった」、「想定外のことと片づけた」、「普段はあり得ないこと」で発生します。

不要の山留め親杭を切断中、切断部材が倒れて下敷きに

　増築工事での地下掘削中、前回工事の山留め親杭が現れたため、被災者（鍛冶工62歳、経験38年）は、障害部分のＨ型鋼（H350×350、長さ約３ｍ、重さ約400kg／１本）を切断中、Ｈ型鋼が倒れ始めたため逃げた。しかし、逃げた方向に杭が倒れ、背中に落下し、下敷きとなり被災した。

原因と対策

　作業計画と作業指示・手順が間違っています。一般には、このような自立した長いＨ型鋼を切断する場合は、クレーンでＨ型鋼を吊りながら切断を行います。クレーン作業が無理なら、ブロック（滑車）を付けた丸太などを隣接Ｈ型鋼に緊結し切断材をつり上げるか、転倒防止のため３本以上の控えロープを張るなどの措置を工夫し、周囲は立入禁止措置を行います。

　事例では、被災者だけの災害でしたが、現場は通常多くの作業者が働いています。イラストではすでに数本の鋼材を切断した後が見られます。立入禁止措置や監視人も置かず、このような危険作業を黙認した作業所と職長の安全衛生管理体制が問われます（安衛則第537条）。

解体中のビルの外壁が道路側に崩落、第三者が被災

　8階建てのビル解体工事中、5階部分の外壁の一部（縦3m×横15m）が道路側に落下。作業者2人が墜落して死亡したほか、信号待ちの乗用車2台が落下した壁の下敷きとなり、主婦らが被災した（死亡2人、重軽傷2人）。

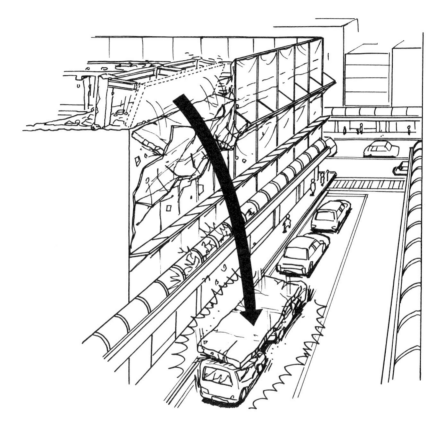

原因と対策

　本事例は、平成15年3月14日、静岡・富士市の商店街で発生したもので、新聞各紙は大きく報道しました。

　国土交通省は、この重大災害を教訓として解体工事の同種災害防止対策を検討するため検討会を設け、同年6月に「建築物の解体工事における外壁の崩落等による公衆災害防止対策に関するガイドライン」をまとめています。

　ガイドラインには、災害原因と対策が網羅されており、次の6項目の遵守と留意を求めています。

1．発注者及び施工者は、解体対象建築物の構造等を事前に調査、把握するとともに、事故防止に十分配慮した解体工法の選択、施工計画の作成を行う。

２．施工者は、解体工事途中段階で想定外の構造、設備等が判明した際は、工事を一時中断し施工計画の修正を検討する。

３．施工者は、公衆災害を防止する観点から、特に、①建築物の外周部が張り出している構造の建築物、②カーテンウォール等、外壁が構造的に自立していない工法の建築物の解体工事の施工にあたっては、工事の各段階において構造的な安定性を保　つよう、工法の選択、施工計画の作成、工事の実施を適切に行う。

４．施工者は、鉄骨造、鉄筋コンクリート造、プレキャストコンクリート造等の異なる構造の接合部、増改築部分と従前部分の接合部等の解体については、特に接合部の強度等に十分配慮して、施工計画の作成、工事の実施を行う。

５．発注者及び施工者は、大規模な建築物の解体工事における事故の影響、責任、解体工事に係る技術の必要性等を十分認識し、関係法令を遵守するとともに、適切な契約、施工計画の作成、工事の実施を行う。

６．建築物の所有者及び管理者は、新築時及び増改築時の設計図書等や竣工図の保存、継承に努める。

解体や改修に備えて施工図の保管を

　一般に設計図と違い施工図は保管しませんが、建物の階段下などのデッドスペースに保管場所を作り、補修部材と共に製本した施工図を建物管理者に管理してもらうようにお願いするとよいでしょう。施工図は設計図では示されていない取り合い部が分かります。

　なお、この災害は労働安全衛生法違反事件として、平成16年６月９日、特定元方事業者であるＡ社とＡ社の取締役建築部長が、安衛法第88条第４項、安衛則第91条第２項違反で、また、二次下請のＢ社と社長が、安衛法第21条第１項、安衛則第517条の４、517条の14第１項違反の疑いでそれぞれ書類送検されました。

掘削底で横矢板を取付け中、地山が崩壊して生き埋めに

　三次掘削底で、横矢板取付け作業中に裏面の土砂が崩れて横矢板（高さ3.6m）がずり落ちて外れた。小型バックホウで崩れた土砂を撤去し、横矢板を下から3枚取り付けた時、上部の砂約50m³が再度、被災者の上に崩れ落ち生き埋めとなった。救出しようとしたバックホウのバケットが被災者に当たり負傷した。

原因と対策

　被災者は、横矢板の復旧作業中に再び砂が崩壊して生き埋めとなり、同僚が慌ててバックホウを使って救出しようとしたため、傷つけられたという二次災害です。

　本事例シートの災害要因をみると、①横矢板寸法の不足（短かった）、②崩壊個所の上部の不要埋没配管の処理時に地上部を荒らしたまま放置した、③矢板入れ部の掘削深さが２mと深すぎた（手順書の掘削深さは1.2m）——などが挙げられています。

　土止め工事の親杭横矢板工法は、比較的堅い地盤でも施工可能で、施工速度が速く簡便で安価な工法なことから広く使われていますが、軟弱な粘土やシルト、湧水の多い砂層には不適とされています。事例では、既設埋設管の不十分な処理跡が水みちとなり、水が矢板裏に回ったのです。土止め周囲の地盤が悪い場合の埋め戻しは、地盤改良材（なければセメント）を混ぜるなどの措置が必要です。

　親杭は頭繋ぎで一体化させ、周囲に土間コンクリート（ＲＣ造）を打設することで、雨水等が横矢板裏側に回ることを防ぐことができます。この場合、掘削部と逆方向に水勾配を取ります。また、矢入れ部の掘削高は作業者の背丈より低くして、裏込め土が十分に施工できるようにします。掘削時は土止め壁の変位や周囲の地盤に地割れなど異常がないか調査・測定し、記録しておきましょう。

　なお、高さが２m以上の地山の掘削作業や、土止め支保工の組立て・解体作業を行う場合には、それぞれ作業主任者の選任が必要です（安衛則第359、374条）。

矢板の未施工部の地山が崩壊、作業者が生き埋めに

　掘削後に掘削面に土止め親杭をバックホウで建込み中、親杭が曲がったために被災者が掘削底に入ったところ、矢板の未施工部分の土砂（約2㎥）が崩落、生き埋めとなった。

原因と対策

　軽量矢板工法では、地山のボーリングや周辺調査などにより、建て込み式、打ち込み式などの工法を選定します。事例シートでは工事建物は鉄骨造の給油所で、工事計画の作成がなかったとあります。工事計画（組立図）がなければ、親杭の根入れ深さや切梁の必要性などについて安全確認ができません（安衛則第370条）。

　バックホウを使った土止め支保工等の施工は次の条件を満たさなければ、主たる用途以外の使用制限違反になります（安衛則第164条）。

　①労働者に危険を及ぼす恐れがない、②作業計画・手順を関係者に周知、③溶接による十分な強度を有するフックの取付け、④土止め用材との確実な連結、⑤作業開始前点検の実施、異常の有無の確認、⑥立入禁止措置、⑦機械の転倒接触防止措置、⑧誘導者の配置と合図の決定、⑨作業指揮者の指名と直接指揮——などです（安衛則第155～164条）。

掘削作業完了後、側面の敷き鉄板下の土砂が崩壊

　　防火水槽の掘削床付け（深さ約４ｍ×幅約５ｍ）が終わり、職長と被災者が法面を点検した後に底部で水槽の位置出し作業中、掘削側面の敷き鉄板下の土砂が突然崩壊し巻き込まれた。

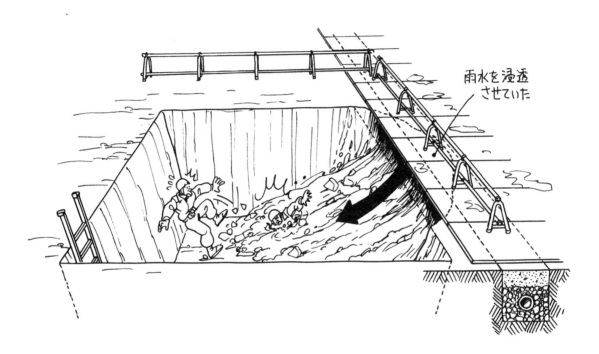

雨水を浸透させていた

原因と対策

　　敷き鉄板下には既設の雨水浸透ますと有孔配管（200φ）がありました。災害の発生は７月の午後７時頃で、ちょうど日没直後で照明を必要と感じなかった時刻でした。

　　被災者は暗くなる前に仕事を終えてしまいたいと、法面確認もそこそこにマーキングを始めたのでしょう。また、前日の天候は雨でしたから、浸透型の雨水ますや有孔管周りの土砂は雨水でゆるんでいたと考えられます。

　　安衛則第362条（埋設物等による危険の防止）では、事例のような場合は埋設配管を補強し、移設を行うことを規定しています。

　　敷き鉄板の敷設は、雨水ますと有孔管の防護のためと思いますが、敷き鉄板がなければ地面の亀裂などで異常を発見できたかも知れません。

　　深さ４ｍの掘削ですから手掘りの場合、岩盤以外は75度以下の勾配をつけますが（安衛則第356条）、機械掘りでも掘削後の勾配は法面保護のために有効です。

断熱材を切断中、定規を押さえていた指を切創

内装工が、左手で定規を押さえながら、カッターナイフでケイカル板（耐火断熱材）を切断中に左手薬指を切創した。

原因と対策

　内装工にとって、カッターナイフは必需品であるため扱いは慣れていると思いますが、切創は多いのです。作業はボードに定規を当て、定規に沿ってカッターナイフで切断しますが、災害のほとんどは定規を押さえたほうの手を切創します。

　切創を防ぐためには、金属製の薄い定規よりも厚みのあるものが手指の損傷を防ぎます。

　このようなことを配慮した様々なボードカット用定規が開発されています。例えば、断面が逆Ｔ字型になっているものや、持ち手が付いたものなどがあります（**写真**）。

　また、切創防止用手袋も有効です。アラミド繊維や高強度ポリエチレン繊維などを使った手袋は、用途によって様々な種類があります。価格は普通の軍手より高価（性能・用途で差が大きい）です。

【類似災害】

◇内装工が、プラスターボードをカッターナイフで切断中、左手親指付け根を切創。

◇内装工が、壁のプラスターボードに貼った塩ビ製コーナーをカッターナイフで切断しようとして、押さえていた指を切創。

◇置床作業で、薄い合板を立てたままカッターナイフで切断中に指を切創。

◇養生作業で、薄い合板を床に置いてカッターナイフで切断中に指を切創。

ガラスのシーリングを撤去中、ナイフの刃が折れて切創

シーリング工が、ガラスのシーリングを切断中、カッターナイフの刃が折れて人差し指を切創した。

原因と対策

シーリングを打ち直す場合など、既設のシーリングを撤去する必要があります。生ゴムのような強い弾性がある硬化したシーリング材を、カッターナイフで取り除くことは容易ではありません。つい力を入れ過ぎて手元が滑ったり、刃が折れて切創します。

カッターナイフは刃先が折れることが利点ですが、シーリング撤去の場合は本事例のように、刃が折れやすいため切創することがあります。このため、替え刃を「折れ線なしカッター替え刃」（市販品）に統一し、革手袋やアラミド繊維手袋と併用することをお薦めします。

【類似災害】

◇シーリング工が、左手でシーリングをカッターナイフで切断中、右手首を切創。

◇サッシ工が、幕板パネルのシールをカッターナイフで切断中、左手中指を切創。

ケーブルの被覆を切断中、左手親指を切創

　　電工が、ケーブルのビニール被覆をカッターナイフで切断中、左手親指付け根部を切創した。

原因と対策

　電線のビニール被覆をむくことは、電工にとってはごく日常的作業です。電線のビニール被覆をむくとき、カッターナイフを使うと電線を傷つけるおそれがあるため通常、電工は電線の被覆をむく作業には、ケーブルストリッパーというペンチ型の電線むき工具を使います。

　事例の電工は工具を持ち合わせていなかったのでしょうか。

【類似災害】

◇ケーブルのビニール被覆をカッターナイフで切断中、左手中指を切創。

建設業ゼロ災読本
—イラストで見る災害事例—

令和2年4月10日　初版発行

編　者　労働調査会
発行人　藤澤　直明
発行所　労働調査会
　　　　〒170-0004 東京都豊島区北大塚2-4-5
　　　　TEL　03-3915-6401
　　　　FAX　03-3918-8618
　　　　http://www.chosakai.co.jp/

ISBN978-4-86319-791-6 C2030 ¥500E